云南建设学校
国家中职示范校建设成果

国家中职示范校建设成果系列实训教材

# 建筑施工技术实训手册

杨东华　主编
王雁荣　主审

中国建筑工业出版社

**图书在版编目（CIP）数据**

建筑施工技术实训手册/杨东华主编. —北京：中国建筑工业出版社，2014.11
国家中职示范校建设成果系列实训教材
ISBN 978-7-112-17039-5

Ⅰ.①建… Ⅱ.①杨… Ⅲ.①建筑工程-工程施工-中等专业学校-教材 Ⅳ.①TU74

中国版本图书馆CIP数据核字（2014）第241762号

本书是中等职业教育《建筑施工技术》课程配套实训手册。本书共分为8个实训项目，内容涵盖了建筑工程测量放样、砖砌体砌筑、模板安装、脚手架安装、钢筋制作安装、墙面抹灰、饰面砖粘贴和建筑电工。

本书主要供中等职业学校建筑工程施工及相关专业学生使用，也可供建筑施工相关执业资格和施工技能培训参考使用。

* * *

责任编辑：聂 伟 陈 桦
责任设计：李志立
责任校对：姜小莲 刘梦然

云南建设学校国家中职示范校建设成果
国家中职示范校建设成果系列实训教材
**建筑施工技术实训手册**
杨东华 主编
王雁荣 主审
*
中国建筑工业出版社出版、发行（北京西郊百万庄）
各地新华书店、建筑书店经销
北京红光制版公司制版
北京建筑工业印刷厂印刷
*
开本：787×1092毫米 1/16 印张：4¾ 字数：113千字
2015年2月第一版 2019年6月第二次印刷
定价：**14.00**元
ISBN 978-7-112-17039-5
（25848）

## 国家中职示范校建设成果系列实训教材

# 编 审 委 员 会

# 序言

提升中等职业教育人才培养质量，需要我们大力推动专业设置与产业需求、课程内容与职业标准、教学过程与生产过程的“三对接”，积极推进学历证书和职业资格证书“双证书”制度，做到学以致用。

实现教学过程与生产过程的对接，全面提高学生素质、培养学生创新能力和实践能力，要求构造体现以教师为主导、以学生为主体、以实践为主线的中等职业教育现代教学方法体系。这就要求中等职业教育要从培养目标出发，运用理实一体化、目标教学法、行为导向法等教学方法，培养应用型、技能型人才。

但我国职业教育改革进程刚刚起步，以中等职业教育现代教学方法体系编写的教材较少，特别是体现理实一体化教学特点的实训教材非常缺乏，不能满足中等职业学校课程体系改革的要求。为了推动中等职业学校建筑类专业教学改革，作为国家中等职业教育改革发展示范学校的云南建设学校组织编写了《国家中职示范校建设成果系列实训教材》。

本套教材借鉴了国内外职业教育改革经验，注重学生实践动手能力的培养，涵盖了建筑类专业的主要专业核心课程和专业方向课程。本套教材按照住房和城乡建设部中等职业教育专业指导委员会最新专业教学标准和国家现行规范，以项目教学法为主要教学思路编写，并配有大量工程实例及分析，可作为全国中等职业教育建筑类专业教学改革的借鉴和参考。

由于时间仓促，编者水平和能力有限，本套教材肯定还存在许多不足之处，恳请广大读者批评指正。

《国家中职示范校建设成果系列实训教材》编审委员会

2014 年 5 月

# 前　言

本书是中等职业教育《建筑施工技术》课程配套实训手册。本书旨在用系统的施工技能实训教学，突破施工技术理论与实践技能之间的分割，帮助学习者掌握施工基本技能，理解施工技术理论，使《建筑施工技术》课程进一步适应中等职业教育人才培养目标关于课程改革的要求。

本书结合了《建筑工程施工质量验收统一标准》GB 50300—2013 等规范的相关内容，突出了对建筑施工技术新工艺、新方法的探究。

本书共分为 8 章，分别为：测量放线工实训、砌筑工实训、柱模板安装实训、架子工实训、钢筋工实训、内墙面抹灰实训、饰面砖粘贴实训、建筑电工实训。

全书由云南建设学校杨东华主编，其中杨东华编写第 1、3、4 章，徐永迫编写第 2、5 章，李朝虎编写第 6、7 章，王宏编写第 8 章。全书由云南建设学校王雁荣主审。同时感谢金煜对本书编写提供的大力支持。

由于编者水平有限，加之时间仓促，本书在编写过程中难免存在疏漏和不妥之处，恳请读者批评指正。

# 目　录

# 第 1 章　测量放线工实训

## 1.1　接受实训任务与制订工作方案

### 1.1.1　项目概况

土木工程测量放线工的主要工作为：利用测量仪器和工具，测量建筑物的空间位置和标高，并按施工图放样平面尺寸。按此要求，本章设置了图根水平测量、经纬仪建筑物定位测量、全站仪极坐标法测设点位等 3 个测量放线工的基本训练项目，学习人员可按项目要求反复训练，掌握施工放线基本技能。

实训中，应当注意掌握仪器、工具的正确使用方法，熟悉规范要求和操作程序，实训结果的评价按规范要求执行。

### 1.1.2　项目工作流程

施工现场测设高程、点位的一般步骤是：收集放样资料→现场踏勘→复核控制点及放样资料→测设→复核测设成果→成果资料归档。

### 1.1.3　工作准备

1. 掌握水平角、水平距离、高程测量的基本理论和技能。
2. 工作所需的人员、仪器、工具及消耗性材料。
3. 放样数据资料，记录、计算所需要的纸、笔、计算器等。

### 1.1.4　测量放线实训项目工作方案

建筑物的施工放样工作，实质上就是将图纸上设计好的建筑的____________点测设到相应的地面上。测设水平距离、____________和____________是施工测量的最基本工作。

测设水平距离时，应当知道给定直线的起点、__________和__________。

测设已知水平角，是根据已给定的角顶和一条已知边方向，按设计水平角值在地面上标定第二条边的________。

如图 1-1 所示，$H_A$ 为已知，现测设 $B$ 点高程 $H_B$，请写出前视读数 $b$=________。

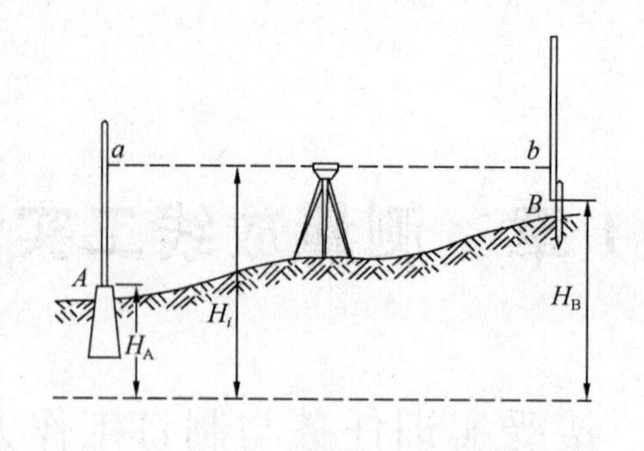


图 1-1　高程传递示意图

在倾斜度较大地面量距时，已知两点高差 $h$，倾斜距离 $L$，则两点水平距离 $d$ ＝________。

已知点 $A$（$X_A$，$Y_A$）、$B$（$Y_A$、$Y_B$），则两点距离 $D_{AB}$＝________________，直线 $AB$ 象限角 $R_{AB}$＝________________，坐标方位角 $\alpha_{AB}$ 需要根据直线 $AB$ 所在________确定。

现行的《工程测量规范》，其编号是________________________。

## 1.2　图根水准测量

### 1.2.1　目的与要求

1. 认识和使用 $DS_3$ 型水准仪，掌握水准测量基本知识、计算和操作技能。
2. 采用变动仪器高法，个人测定两点间的高差，小组完成一条闭合水准路线的高程测量。
3. 培养学生团队协作能力，认真细致的工作作风，扎实的专业技能。
4. 要求提交的实训成果有：水准测量记录计算资料、实训报告。

### 1.2.2　工具与计划

1. 工具：$DS_3$ 型水平仪 1 台、水准尺 1 副、尺垫 2 个、记录计算表 1 份、记录笔 1 支、计算器 1 个。

2. 计划：实训按小组安排，时间 1 天半，其中半天为个人练习和完成两点高差测量、计算，1 天为小组完成闭合水准路线测量、计算。

### 1.2.3　要点与流程

一、工作要点

1. 准备工作包括基本知识、理论的学习，设备、工具及辅助用品的准备。
2. 合理分组，协同工作。
3. 严格按规范要求检查和评价工作过程与结果。

二、流程

1. 实训准备

（1）实训前，教师应指导学生复习水准测量基本知识，并对学生进行分组。分配实训任务，明确实训步骤、要求。

（2）借（领）仪器、工具，准备记录计算表格、计算器等辅助用品。

2. 个人水准测量

（1）在固定地点竖立水准尺，以个人为单位用变动仪器高法测量两点间高差，填写表1-1，计算待测点高程。

**变动仪器高法水准测量记录表**　　**表 1-1**

| 测点 | 后视读数（m） | 前视读数（m） | 高差（m） | 平均高差（m） | 高程（m） | 说　明 |
|---|---|---|---|---|---|---|
| | | | | | | 已知高程点 |
| | | | | | | |
| | | | | | | |
| | | | | | | 待测点 |

注：表内测点、已知高程等现场指定。

（2）个人水准测量考核见表 1-2。

**个人水准测量实训技能考核表**　　**表 1-2**

| 项目 | 分值 | 标　　准 | | | 偏差 | 得分 |
|---|---|---|---|---|---|---|
| 1 | 10 | 圆水准气泡偏离圆圈每 1mm 扣 5 分 | | | | |
| 2 | 10 | 附合气泡每偏离 1mm 扣 5 分 | | | | |
| 3 | 10 | 读数误差应≤±5mm，超过扣 10 分 | | | | |
| 4 | 10 | 高差误差应≤±6mm，超过扣 10 分 | | | | |
| 5 | 10 | 高程误差应≤±6mm，超过扣 10 分 | | | | |
| 测试时间：5min 内完成全部操作，计算成绩合格，超时则总成绩按不合格计 | | | 测试用时 | | 合计得分 | |

3. 小组测量：闭合水准路线高程测量。

（1）根据确定的闭合水准路线实施，将测量数据填入表 1-3 中。

水准测量手簿（变动仪高法）　　　　表 1-3

工程名称________________天气________________观测________________

日　　期________________仪器________________记录________________

| 测点 | 后视读数 $a$（m） | 前视读数 $b$（m） | 高差（m） | 平均高差（m） | 高　程（m） | 备　注（草图） |
|---|---|---|---|---|---|---|
| | | | | | | |
| | | | | | | |
| | | | | | | |
| | | | | | | |
| | | | | | | |
| | | | | | | |
| | | | | | | |
| | | | | | | |
| | | | | | | |
| | | | | | | |
| | | | | | | |
| | | | | | | |
| | | | | | | |
| | | | | | | |
| | | | | | | |
| | | | | | | |
| | | | | | | |
| | | | | | | |
| | | | | | | |
| | | | | | | |
| Σ | | | | | | |

检核：

（2）闭合水准路线内业计算，使用水准测量平差及高程改算表，将测量数据填入表 1-4。

**水准测量平差及高程改算表** **表 1-4**

| 测点 | 水准路线长（m） | 测站数 | 实测高差（m） | 高差改正数（m） | 改正后高差（m） | 高程（m） | 备注 |
|---|---|---|---|---|---|---|---|
| | | | | | | | |
| | | | | | | | |
| | | | | | | | |
| | | | | | | | |
| | | | | | | | |
| | | | | | | | |
| | | | | | | | |
| | | | | | | | |
| | | | | | | | |
| | | | | | | | |
| Σ | | | | | | | |
| 辅助计算 | | | | | | | |

（3）小组水准测量成绩，见表 1-5。

**实训小组水准测量技能考核表** **表 1-5**

| 序号 | 考 核 内 容 | 分 值 | 扣 分 | 得 分 |
|---|---|---|---|---|
| 1 | 组员配合、协作、纪律 | 10 | | |
| 2 | 仪器、工具使用 | 5 | | |
| 3 | 操作规范 | 10 | | |
| 4 | 计算规范 | 10 | | |
| 5 | 成果质量 | 10 | | |
| 6 | 任务完成度 | 5 | | |
| | 合 计 | 50 | | |

## 1.2.4 规范与依据

（1）《工程测量规范》GB 50026—2007

（2）任务说明

## 1.2.5 考核与评价

实训学生成绩最终按表 1-6 计算。

**图根水准测量实训成绩考核表** **表 1-6**

| 序号 | 项　目 | 分 值 | 总分权重 | 得　分 |
|---|---|---|---|---|
| 1 | 个人水准测量实训技能考核成绩 | 50 | 0.8 | |
| 2 | 实训小组水准测量技能考核成绩 | 50 | 0.8 | |
| 3 | 实训报告、实训表现 | 100 | 0.2 | |
| 总　分 | | | | |

# 1.3 建筑基线法定位建筑物

## 1.3.1 目的与要求

1. 根据图 1-2 标定的建筑基线 $AB$ 及其与拟建建筑物的关系，用直角坐标法定位建筑物角点 1、2、3、4。

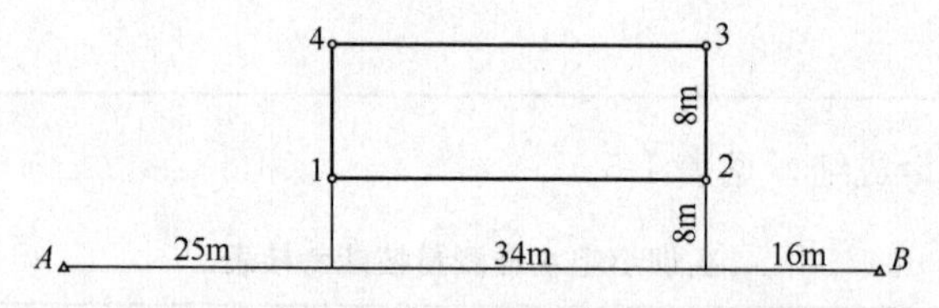


图 1-2 建筑基线与拟建建筑位置示意图

2. 计算放样数据，完成放样并复核。

## 1.3.2 工具与计划

1. 工具：经纬仪、钢卷尺、吊线锤、木桩、铁钉、铁锤等。

2. 计划：选取平缓、开阔区域为实训区，依次测设基线、基线加密点、房屋角点，复核房屋四角和边长。

## 1.3.3 要点与流程

1. 要点

(1) 获取和复核放样资料；

(2) 根据放样精度要求、放样条件确定放样方案；

(3) 放样成果检核。

2. 流程

(1) 踏勘放样现场，确定放样方案。

放样前已获取放样图纸，现场较宽阔、平整，放样采用经纬仪定线、钢卷尺量距法实施；土质地面上可以钉木桩，顶部加钉铁钉确定点位；硬质地面则用笔标记点位。

(2) 核算放样数据，准备放样仪器、工具。

将放样数据填入表 1-7 中。

点的坐标值　　表 1-7

| 点名 | X | Y | 点名 | X | Y |
|---|---|---|---|---|---|
| *A* | 300.000 | 300.000 | 2 | | |
| *B* | 225.00 | 300.00 | 3 | | |
| 1 | | | 4 | | |

(3) 在指定场地建立建筑基线。

(4) 用经纬仪确定方向，钢尺量距依次放样 1、2、3、4 点。

(5) 检核点位放样精度，调整点位关系至符合规范要求。

## 1.3.4 考核与评价

本项目成绩考核，先以实训小组整体实训情况进行评分，再按个人表现对参训人员进行评价，见表 1-8。

建筑基线法定位建筑物实训考核表　　表 1-8

| 序号 | 考 核 内 容 | 分 值 | 扣 分 | 得 分 |
|---|---|---|---|---|
| 1 | 小组组员配合、协作、纪律、成果质量、任务完成度等 | 60 | | |
| 2 | 个人协作、配合、纪律，仪器、工具使用，操作规范，记录、计算规范等 | 40 | | |
| 合计得分 | | 100 | | |

注：在规定时间内未完成任务的，视情况扣减组员成绩至 60 分以下。

### 1.3.5 规范与依据

《工程测量规范》GB 50026—2007 规定如下：

1. 建筑基线按 2 级控制网标准布设，边长相对中误差≤1/20000，测角中误差 $15''\sqrt{n}$（$n$ 为建筑结构的跨数）。

2. 建筑物施工平面控制网的建立，应符合下列规定：

（1）控制点，应选在通视良好、土质坚实、利于长期保存、便于施工放样的位置。

（2）控制网加密的指示桩，宜选在建筑物行列线或主要设备中心线方向上。

（3）主要的控制网点和主要设备中心线端点，应埋设固定标桩。

（4）控制网轴线起始点的定位误差，不应大于 2cm；两建筑物（厂房）间有联动关系时，不应大于 1cm，定位点不得少于 3 个。

（5）水平角观测的测回数，测角中误差的大小，按表 1-9 选定。

水平角观测的测回数　　表 1-9

| 仪器精度等级 \ 测角精度 | 2.5″ | 3.5″ | 4.0″ | 5″ | 10″ |
|---|---|---|---|---|---|
| 1″级仪器 | 4 | 3 | 2 | — | — |
| 2″级仪器 | 6 | 5 | 4 | 3 | 1 |
| 6″级仪器 | — | — | — | 4 | 3 |

（6）矩形网的角度闭合差，不应大于测角中误差的 4 倍。

（7）二级网的边长测量也可采用钢尺量距，作业的主要技术要求应符合《工程测量规范》表 3.3.21 的规定。

（8）矩形网应按平差结果进行实地修正，调整到设计位置。当增设轴线时，可采用现场改点法进行配赋调整；点位修正后，应进行矩形网角度的检测。

## 1.4 全站仪极坐标法测设点位

### 1.4.1 目的与要求

1. 认识和使用全站仪，掌握全站仪极坐标法测设点位的技能，完成如图 1-3 所示 1、2、3、4 点的现场测设，并复核。

2. 掌握坐标反算方法。

3. 培养学生团队协作能力，认真细致的工作作风，扎实的专业技能。

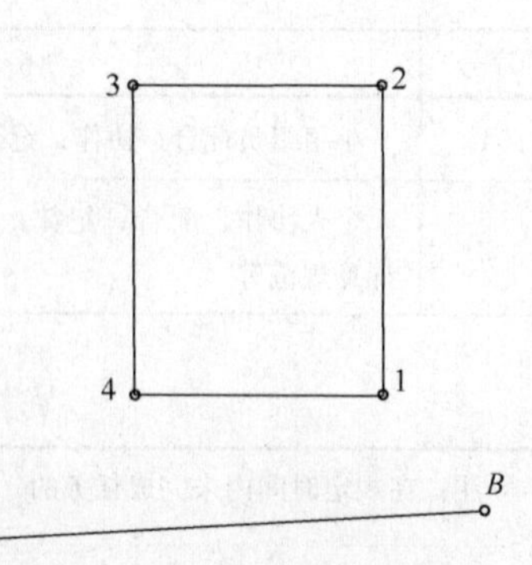

图 1-3　放样点位示意图

4. 要求提交的实训成果有：完成表 1-10 计算、现场放样点、实训报告。

**表 1-10**

| 测点 | | 坐标 | | 放样数据 | |
|---|---|---|---|---|---|
| | | X（m） | Y（m） | 水平角（°′″） | 水平距离（m） |
| 后视点 | *A* | 2834773.998 | 521184.158 | 坐标方位角 $\alpha_{AB}$＝<br>$\angle_{AB1}$＝<br>$\angle_{AB2}$＝<br>$\angle_{AB3}$＝<br>$\angle_{AB4}$＝ | $D_{AB}$＝<br>$D_{B1}$＝<br>$D_{B2}$＝<br>$D_{B3}$＝<br>$D_{B4}$＝ |
| 测站点 | *B* | 2834775.193 | 521204.941 | | |
| 放样点 | 1 | 2834779.678 | 521200.942 | | |
| | 2 | 2834791.678 | 521200.866 | | |
| | 3 | 2834791.615 | 521190.967 | | |
| | 4 | 2834779.615 | 521191.043 | | |

## 1.4.2 工具与计划

1. 工具：全站仪、棱镜及对中杆，铁锤、木桩、铁钉，记录计算用品等。

2. 计划：完成放样数据计算并复核，到放样场地确认控制点 *A*、*B*，仪器架设于 *B* 点，用测回法测设角度，放样桩钉 1、2、3、4 点，复核放样点转角值和点间距离，调整点位至符合规范要求。

## 1.4.3 要点与流程

1. 要点

（1）计算并复核放样资料；

（2）根据放样精度要求、放样条件确定放样方案；

（3）放样成果检核。

2. 流程

（1）分组，确定组员轮换作业顺序，明确各工种的职责；协调口令、指挥手势等放样技能。

（2）熟悉坐标正、反算，计算放样数据并复核。

（3）准备仪器、工具及辅助用品。

（4）点位测设。将全站仪架设于 *B* 点，逐点测设 1、2、3、4 点。先钉木桩，再加钉铁钉。

（5）复核四边形 1234 的内角和边长，对不符合要求的要查明原因，调整木桩或铁钉至符合要求。

## 1.4.4 考核与评价

本项目成绩考核，先以实训小组整体实训情况进行评分，再按个人表现进行参训人员评价，具体见表 1-11。

全站仪极坐标法测设点位实训考核表　　表 1-11

| 序号 | 考核内容 | 分值 | 扣分 | 得分 |
|---|---|---|---|---|
| 1 | 小组组员配合、协作、纪律、成果质量、任务完成度等 | 60 | | |
| 2 | 个人协作、配合、纪律，仪器、工具使用，操作规范，记录、计算规范等 | 40 | | |
| | 合计得分 | 100 | | |

注：在规定时间内未完成任务的，视情况扣减组员成绩至 60 分以下。

## 1.4.5 规范与依据

实训按《工程测量规范》GB 50026—2007 有关规定执行，内容详见 1.3.5 节。

# 第2章 砌 筑 工 实 训

## 2.1 接受实训任务与制订工作方案

### 2.1.1 项目概况

砌筑工实训是对传统的砖墙和砖柱的砌筑操作训练。砖墙的组砌方法有很多，常用的组砌形式有一顺一丁、三顺一丁、梅花丁、全顺式等。本项目通过采用组砌形式为“全顺式和一顺一丁”砖墙和砖柱的砌筑，让学生全面掌握砖砌体的施工工艺、操作要点，以及质量标准和检验方法。实训中，应当注意掌握各种操作工具、检测仪器的使用方法，熟悉规范要求和操作程序。实训结果的评价按要求执行。

实训指导教师结合实训指导内容完成其他砌块和砌体构件的砌筑训练。

### 2.1.2 项目工作流程

砌筑工实训的工作流程：

学生分组和安排实训任务→材料和工具的准备→定位与放线→教师指导砌筑→砌筑质量检测→成果评定

### 2.1.3 工作准备

1. 熟悉砖砌体的施工工艺：抄平→放线→摆砖样→立皮数杆→砌筑→清理→勾缝。

2. 熟悉砌体工程的施工质量要求和检验方法。

砖砌体的质量要求为：横平竖直、灰浆饱满、上下错缝、接槎可靠。

3. 砌筑操作所需的人员分组、操作和检测工具以及砖和砂浆等原材料。

### 2.1.4 项目工作方案

将实训班级分成6～8人一组，每组完成规定砌体工程量，并交替完成质量检测与评定。

## 2.2 砌筑全顺式砖墙训练基本功

### 2.2.1 目的与要求

1. 初步训练砌筑操作的基本功，掌握全顺式砖墙的组砌方法；

2. 掌握砌筑工程的施工工艺和质量标准；

3. 培养学生团队协作能力，认真细致的工作作风，扎实的专业技能；

4. 要求按照规定的操作步骤完成一段120mm厚砖墙的砌筑，提交质量检验表和实习报告。

### 2.2.2 工具与计划

1. 工具：砂浆搅拌机、砖刀、灰桶、5m线、托线板、靠尺、水平尺、钢卷尺、铁锹、皮数杆、墨线斗、双轮手推车等。

2. 计划：实训按小组安排，时间1天半。

### 2.2.3 要点与流程

一、工作要点

1. 基本理论的学习，原材料、设备、工具及辅助用品的准备。

2. 合理分组，协同工作。

3. 严格按规范要求检查和评价工作过程与结果。

二、实训流程（图2-1）

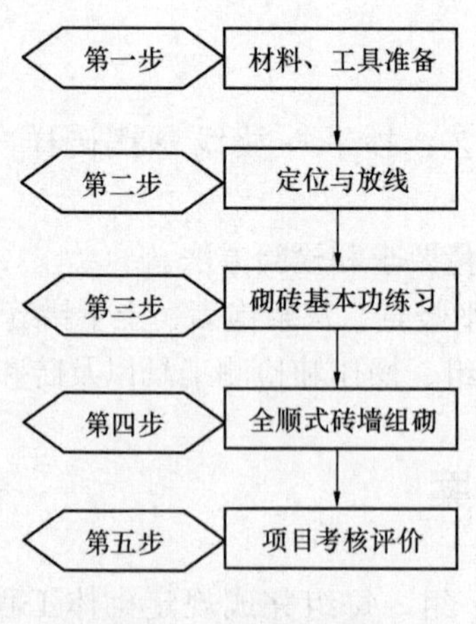


图2-1 实训流程图

（一）材料、工具准备

砖墙实训用到的材料、工具包括砂浆搅拌机、砖刀、灰桶、5m线、托线板、靠尺、水平尺、钢卷尺、铁锹、皮数杆、墨线斗、双轮手推车等。为了保证操作的顺利进行，应在实训前将相关材料、工具准备好，并保证工具的完整性。

为方便拆除，实训中采用石灰砂浆砌筑。砖采用烧结普通黏土砖，规格为长240mm、宽 115mm、高 53mm。砌筑前一天要浇水湿润砖。

砖的布置：在砌筑前把砖放置在离所砌的墙面单人能蹲下的距离，大约 600mm 工作面，砖的顶面垂直于所砌的墙，条面垂直地面，如图 2-2 所示。

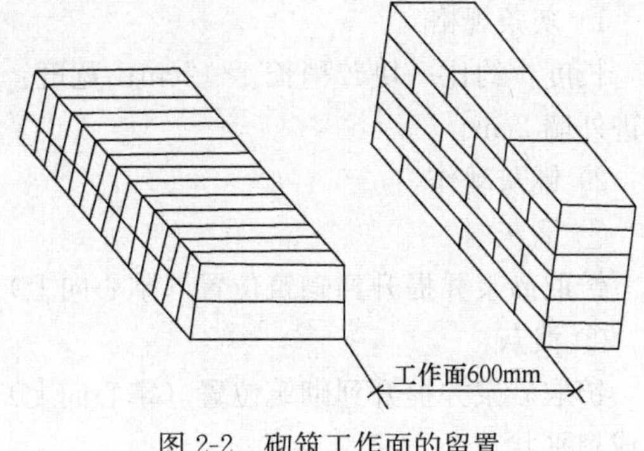

图 2-2　砌筑工作面的留置

（二）定位与放线

定位与放线用于确定砖墙的轴线和边线。

（三）砌砖基本功练习

（1）取砖

当选中某块砖时，取砖方法由手指拿大面改为手指拿条面，如图 2-3 所示。

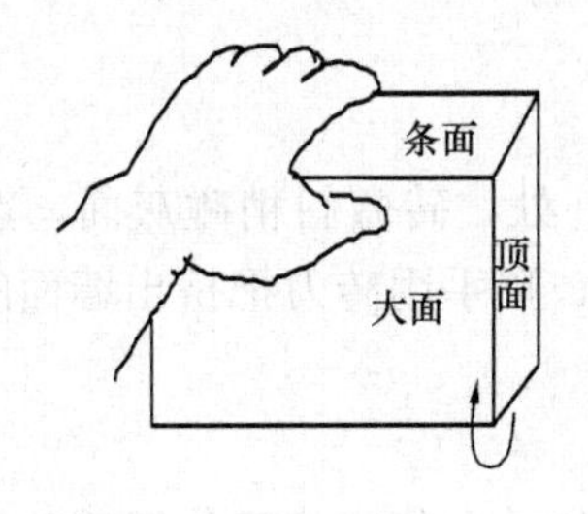


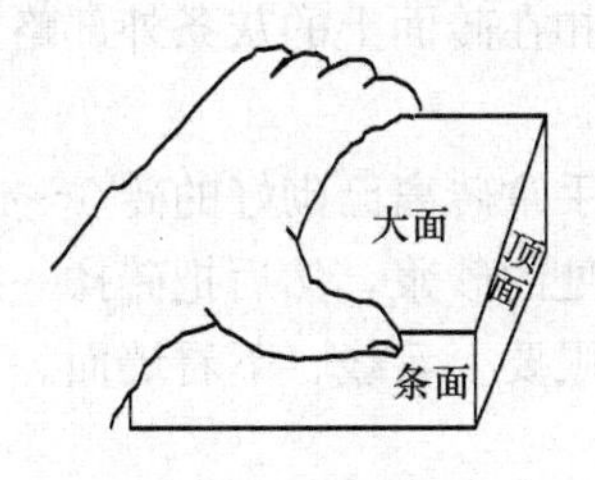

图 2-3　取砖的手法

（2）选取砖面

1）旋砖：将砖平托在左手掌上，使掌心向上，砖的大面贴手心，这时用该手的食指或中指稍勾砖的边棱，依靠四指向大拇指方向的运动，配合抖腕动作，使砖旋转 180°，如图 2-4 所示。

2）翻转砖：将砖拿起，掌心向上，用拇指推其砖的条面，然后四指用力向上，使得砖面反转，如图 2-5 所示。

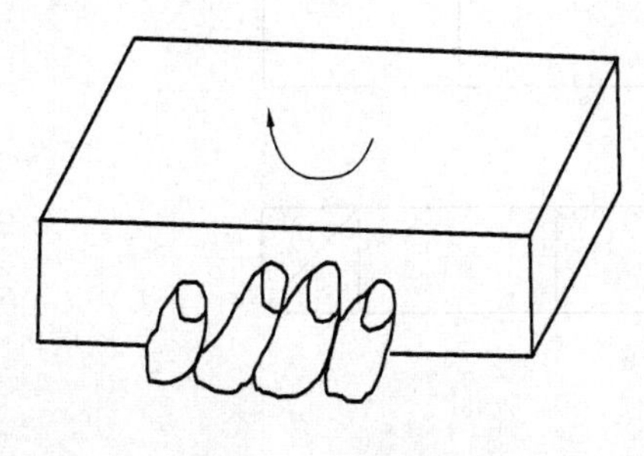
图 2-4　旋转砖面

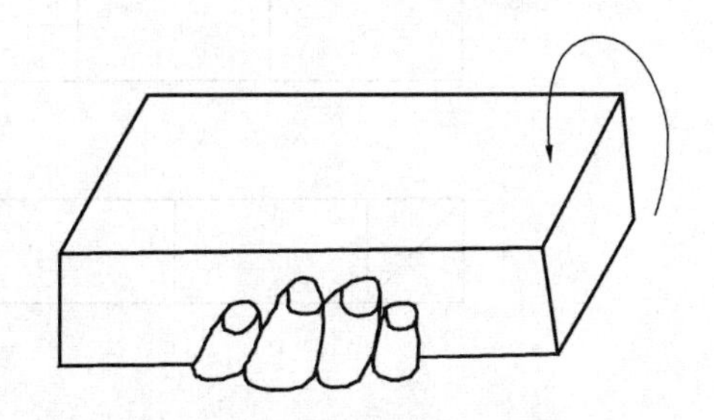
图 2-5　翻转砖面

（3）取灰

将砖刀插入灰桶内侧（靠近操作者的一边）→转腕将砖刀口边接触灰桶内壁→顺着内

壁将砖刀刮起取出所需砂浆（一刀灰的量要满足一皮砖的量）。

（4）铺灰

1）灰条规格

长度：约比一块砖稍长 1～2cm；宽度：8～9cm；厚度：15～20mm；位置：灰口要缩进外墙 2cm。

2）铺灰动作

① 溜灰

铲取砂浆并提升到砌筑位置（掌心向上）→抽铲落灰→砂浆成扁平状。

② 泼灰

铲取砂浆并提升到砌筑位置（掌心向上）→砖刀柄在前→平行向前推进泼出砂浆→砂浆成扁平状。

③ 扣灰

铲取砂浆并提升到砌筑位置→砖刀面转成斜状（掌心向下）→利用手臂推力将灰甩出→扣在砖面上的灰条外部略厚。

铲取砂浆并提升到砌筑位置→砖刀面转成斜状（掌心向下）→利用手臂拉力和向后转动手腕将灰甩出→扣在砖面上的灰条外部略厚。

（5）揉挤

灰铺好后，左手拿砖离已砌好的砖 3～4cm 处，砖微斜稍碰灰面，然后向前平挤，把灰浆挤起作为竖缝处的砂浆，然后把砖揉一揉，顺手用砖刀把挤出墙面的灰刮起来，甩到竖缝里。揉砖时，眼要上看线、下看墙面。

（6）砍砖

砍砖时应一手持砖使条面向上，用手掌托住，在相应长度位置用砖刀轻轻划一下，然后用力砍一二刀即可完成。

（四）全顺式组砌砖墙

（1）全顺式砖墙的组砌

全顺式的组砌形式每层都为顺砖，顺砖层的两端用半砖，从而保证错缝搭接要求，如图 2-6 所示。

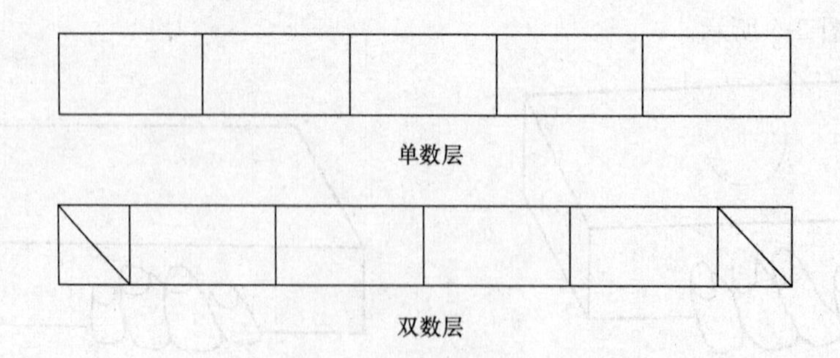


图 2-6　全顺式砖墙砖的组砌形式

（2）实训流程（图 2-7）

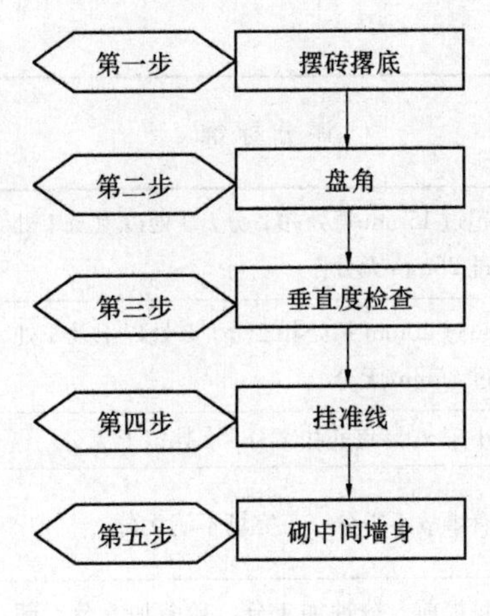


图 2-7　实训流程图

（3）砌筑量

墙长：1.61m，高：1.20m。

## 2.2.4　考核与评价

项目实训考核按表 2-1 规定执行。

砌筑基本功、砌筑考核项目及评分标准　　表 2-1

| 序号 | 测定项目 | 允许偏差 | 评分标准 | 满分 | 检测点 | | | | | 得分 |
|---|---|---|---|---|---|---|---|---|---|---|
| | | | | | 1 | 2 | 3 | 4 | 5 | |
| 1 | 基本功 | | 取砖、选砖、取灰、铺灰、挤揉、砍砖等动作要领掌握的熟练程度 | 10 | | | | | | |
| 2 | 选砖 | | 表面疏松、层裂、有油污不得分，缺棱掉角不得分 | 5 | | | | | | |
| 3 | 砌筑方法和程序 | | 不盘角和不挂准线不得分，准线挂法不正确扣 1～3 分 | 10 | | | | | | |
| 4 | 轴线偏差 | 10mm | 超过 10mm 每处扣 1 分，3 处以上不得分，有 1 处超过 20mm 不得分 | 10 | | | | | | |
| 5 | 墙面垂直度 | 5mm | 超过 5mm 每处扣 2 分，3 处以上及 1 处超过 15mm 者不得分 | 10 | | | | | | |
| 6 | 墙面平整度 | 8mm | 超过 8mm 每处扣 2 分，3 处以上及 1 处超过 15mm 者不得分 | 10 | | | | | | |
| 7 | 水平灰缝平直度 | 10mm | 超过 10mm 每处扣 1 分，3 处以上及 1 处超过 20mm 者不得分 | 5 | | | | | | |
| 8 | 水平灰缝厚度 | ±8mm | 10 匹砖累计超过 8mm 每处扣 2 分，3 处以上及 1 处超过 15mm 者不得分 | 5 | | | | | | |
| 9 | 组砌方式 | | 组砌方式正确得分，不正确不得分 | 10 | | | | | | |

续表

| 序号 | 测定项目 | 允许偏差 | 评分标准 | 满分 | 检测点 | | | | | 得分 |
|---|---|---|---|---|---|---|---|---|---|---|
| | | | | | 1 | 2 | 3 | 4 | 5 | |
| 10 | 墙体总高度 | ±15mm | 超过15mm每处扣2分，3处以上及1处超过25mm无分 | 5 | | | | | | |
| 11 | 清水墙面游丁走缝 | 20mm | 超过20mm每处扣2分，3处以上及1处超过35mm无分 | 5 | | | | | | |
| 12 | 砂浆饱满度 | 80% | 小于80%每处扣2分，3处以上无分 | 5 | | | | | | |
| 13 | 安全文明施工 | | 有事故不得分，工完场不清无分 | 5 | | | | | | |
| 14 | 工效 | | 每提前5分钟加1分，最多加5分，超过1分钟扣1分，超过10分钟不得分 | 5 | | | | | | |
| 15 | 合计得分 | — | — | 100 | | | | | | |

### 2.2.5 规范与依据

《砌体结构工程施工质量验收规范》GB 50203—2011

## 2.3 一顺一丁砖墙砌筑

### 2.3.1 目的与要求

1. 加强训练砌筑操作的基本功，掌握一顺一丁砖墙的组砌方法；
2. 掌握砌筑工程的施工工艺和质量标准；
3. 培养学生团队协作能力，认真细致的工作作风，扎实的专业技能；
4. 按照规定的操作步骤完成一段240mm厚砖墙的砌筑，提交质量检验表和实习报告。

### 2.3.2 工具与计划

1. 工具：砂浆搅拌机、砖刀、灰桶、5m线、托线板、靠尺、水平尺、钢卷尺、铁锹、皮数杆、墨线斗、双轮手推车等。

2. 计划：实训按小组安排，时间1天半。

### 2.3.3 要点与流程

一、工作要点

1. 基本理论的学习，原材料、设备、工具及辅助用品的准备。

2. 合理分组，协同工作。

3. 严格按规范要求检查和评价工作过程与结果。

二、实训流程（图 2-8）

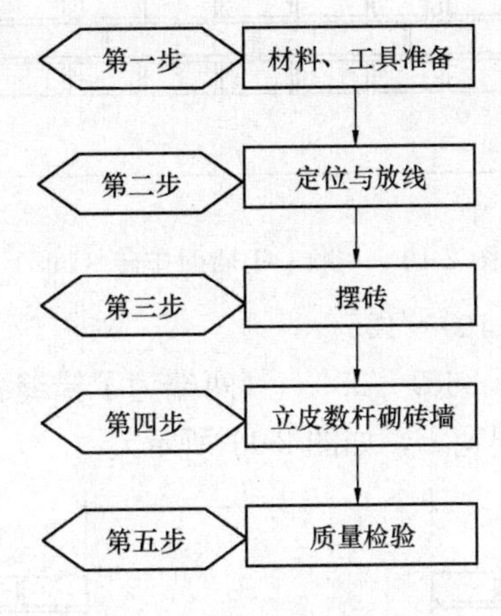


图 2-8　实训流程图

（一）材料、工具准备

具体参见 2.2.3 节相关内容。

（二）定位与放线

定位与放线用于确定砖墙的轴线、边线和门窗洞口线。

（三）摆砖

（1）砖的组砌形式

一顺一丁的组砌方法是一层顺砖和一层丁砖交替砌筑，上下层顺砖和丁砖之间竖缝相互错开 1/4 砖长，如图 2-9 所示。

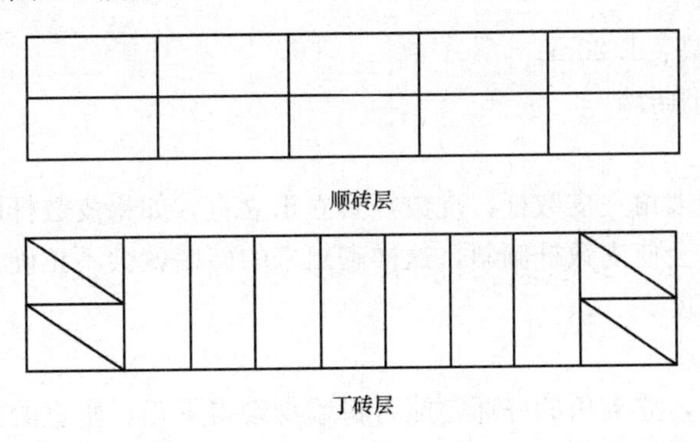


图 2-9　一顺一丁组砌形式

根据确定的组砌方式“一顺一丁”通盘干排砖，即在弹出的墙边线范围内不用砂浆将第一层砖排好。排砖要把墙的转角、交接处排好，达到接槎合理、操作方便的目的。摆砖完成经检查合格即用砂浆将第一层砖砌好，此过程叫撂底。砌筑时每块砖的位置必须与排砖的位置一致，注意砖之间的竖直灰缝的宽度及水平灰缝厚度，必须保证第一层砖平直。

（2）墙面排砖计算（普通砖）。

1）墙面排砖（墙长为 $L$，单位 mm，一个立缝宽按 10mm 计算，如图 2-10 所示）。

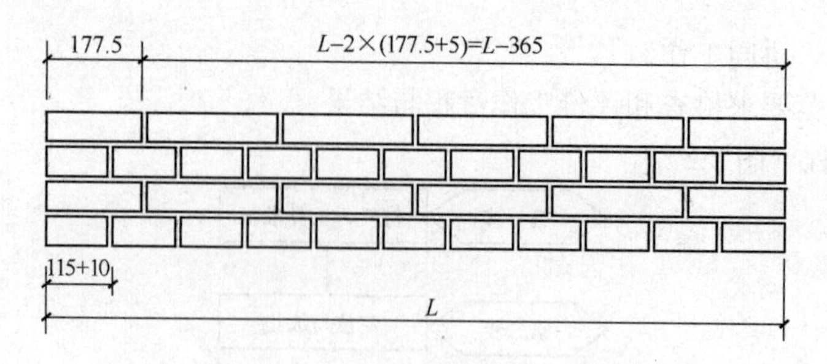


图 2-10　一顺一丁墙面排砖（mm）

丁行砖数　　　$n=(L+10)/125$

条行整砖数　　$N=(L-365)/250$　（两端为了错缝各用一个七分头）

2）门窗洞口上下排砖（洞宽 $B$，如图 2-11 所示）。

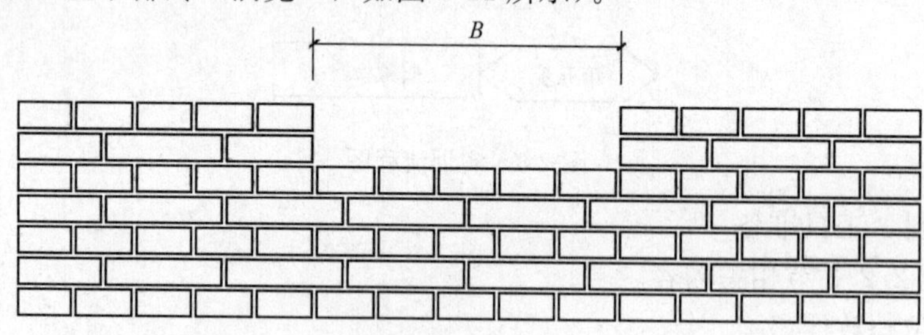


图 2-11　洞口排砖

丁行砖数　　　$n=(B-10)/125$

条行整砖数　　$N=(B-135)/250$

3）计算立缝宽度（应在 8～12mm）。

（3）砌筑量

墙长：1.61m，高：1.20m。

（四）立皮数杆砌砖墙

（1）立皮数杆

在砖墙的端头和大角立皮数杆，皮数杆要立正立直，如果皮数杆固定的方法不佳或者木料本身弯曲变形，会使皮数杆倾斜，这样砌出来的砖墙就会不正确。因此，砌筑时要随时注意皮数杆的垂直度。

（2）盘角挂线

砌墙应先砌头角，立头角的好坏是能否将墙身砌得平正、垂直的关键。砌头角的过程叫盘角。盘角要求用边角平直、方整的砖块，所以砌砖必须放平。

（3）砌墙

1）砌外墙大角

外墙大角就是在外墙拐角处的砖墙，由于房屋的形状不同，有钝角、锐角和直角之分，本实训的外墙大角为直角形式。

大角处的 1m 范围内，要挑选方正、规格较好的砖砌筑。大角处用的“七分头”一定要棱角方正，一般先打好一批备用，拣其中打制尺寸较差的用于次要部分。开始时先砌 3～5层砖，用方尺检查其方正度，用线锤检查其垂直度。当大角砌到 1m 左右高时应使用托线板认真检查大角的垂直度。继续往上砌时，还要不断用托线板检查垂直度。砌墙时砖块一定要摆平整否则容易出现垂直偏差。

2）砌中间墙身

砌中间墙身时以准线为准，准线必须拉紧。砌墙的要领为“横平竖直，上下错缝”。即砌砖时上口压平准线，下口砌齐砖口，同时砖的上棱边应离开准线约 1mm，防止砖撞线后影响垂直度。左右前后的砖位置要准确，上下层砖要错缝，相隔一层的砖要对直，既不要游丁走缝，更不能上下层通缝。

3）砌窗洞口处

本实训中在标高 0.9m 处有一个 1m 宽的窗洞。在砌筑完第 9 层砖时应在上面用墨线弹出洞口位置，砌第 10 层砖时参考墨线严格按窗洞两侧排砖方式砌筑。砌筑时可以在墙两头挂线，但砌筑洞口两侧砖时必须用吊锤检查垂直度。

（4）实训指导教师辅导完成砌筑

摆砖撂底→砌第 1 层砖→盘砌 3 层角砖→用线锤吊挂角的垂直度→挂准线砌第二线砖→盘砌第 4、5 层角砖→用托线板靠角的垂直度→挂准线砌第 3、4 层砖。

（五）质量检查

砖墙施工完毕后应组织同学们对砖墙的轴线垂直度平整度、砂浆饱满度、组砌方式等项目进行检查评分。

（1）一般砖砌体的质量检测项目（见表 2-2）

（2）表中各项质量检测所用的检测工具及检测方法

1）垂直度：用带线锤的托线板。

检查时，托线板应紧靠角砖，特别注意要贴紧第一线角砖，观察线锤线是否与托线板上的墨斗线重合，若重合，则角垂直，若不重合，则不垂直。

2）平整度：用托线板和塞尺（或钢卷尺）。

将托线板一侧紧贴于墙面上，墙面与托线板间产生一定的缝隙，于是用塞尺轻轻塞进最大缝隙处（或用钢卷尺量缝隙的尺寸），塞进的格数（或量的数据）就表示墙面或柱面平整度偏差的数值。

3）水平灰缝厚度：用钢卷尺。

用钢卷尺量 10 皮砖加 10 个灰缝的厚度，标准厚度为 625mm。量得的数据与 625mm 的差值就为水平灰缝厚度的偏差值。

4）墙体总高度：用钢卷尺。

用钢卷尺量墙的总高度，量得的数据与规定高度值的差值就为水平灰缝厚度的偏差值。

5）水平灰缝平直度：用准线。

将准线挂在两端角砖的上表面上，然后量中间砖的上表面高出（或低于）准线的最大距离。

6）清水墙面游丁走缝：用线锤和钢卷尺（或带线锤的托线板）。

以第 1 皮砖的某一竖缝为参考，然后吊线锤，用钢卷尺量出上部与参考竖缝位于同一竖向位置的竖缝是否对齐，如不对齐，竖缝间的水平错开距离即为其偏差值。

7）砂浆饱满度：用百格网检查。

将要检测的砖掀起，用砖刀把粘在其底面的砂浆刮净，然后将百格网放在其底面上，数出砂浆接触的地方所占的格数，即为其砂浆饱满度的值。

### 2.3.4 考核与评价

项目实训考核按表 2-2 规定执行。

砌筑考核项目及评分标准 表 2-2

| 序号 | 测定项目 | 允许偏差 | 评分标准 | 满分 | 检测点 | | | | | 得分 |
|---|---|---|---|---|---|---|---|---|---|---|
| | | | | | 1 | 2 | 3 | 4 | 5 | |
| 1 | 选砖 | | 表面疏松、层裂、有油污不得分，缺棱掉角不得分 | 5 | | | | | | |
| 2 | 砌筑方法和程序 | | 不盘角和不挂准线不得分，准线挂法不正确扣1～3分 | 10 | | | | | | |
| 3 | 轴线偏差 | 10mm | 超过 10mm 每处扣 1 分，3 处以上不得分，有 1 处超过 20mm 不得分 | 10 | | | | | | |
| 4 | 墙面垂直度 | 5mm | 超过 5mm 每处扣 2 分，3 处以上及 1 处超过 15mm 不得分 | 10 | | | | | | |
| 5 | 墙面平整度 | 8mm | 超过 8mm 每处扣 2 分，3 处以上及 1 处超过 15mm 不得分 | 10 | | | | | | |
| 6 | 水平灰缝平直度 | 10mm | 超过 10mm 每处扣 1 分，3 处以上及 1 处超过 20mm 不得分 | 5 | | | | | | |
| 7 | 水平灰缝厚度 | ±8mm | 10 匹砖累计超过 8mm 每处扣 2 分，3 处以上及 1 处超过 15mm 者不得分 | 5 | | | | | | |
| 8 | 组砌方式 | | 组砌方式正确得分，不正确不得分 | 10 | | | | | | |
| 9 | 窗洞宽 | ±5mm | 窗洞宽偏差±5～±10mm 扣 1 分，±10～±15mm 扣 3 分，±15mm 以上不得分 | 5 | | | | | | |
| 10 | 窗洞位置偏移 | 20mm | 窗洞位置偏移 20～25mm 扣 1 分，25～30mm 扣 3 分，30mm 以上不得分 | 5 | | | | | | |
| 11 | 墙体总高度 | ±15mm | 超过 15mm 每处扣 2 分，3 处以上及 1 处超过 25mm 不得分 | 5 | | | | | | |
| 12 | 清水墙面游丁走缝 | 20mm | 超过 20mm 每处扣 2 分，3 处以上及 1 处超过 35mm 不得分 | 5 | | | | | | |
| 13 | 砂浆饱满度 | 80% | 小于 80%每处扣 2 分，3 处以上不得分 | 5 | | | | | | |
| 14 | 安全文明施工 | | 有事故不得分，工完场不清不得分 | 5 | | | | | | |
| 15 | 工效 | | 每提前 5min 加 1 分，最多加 5 分，超过 1min 扣 1 分，超过 10min 不得分 | 5 | | | | | | |
| 16 | 合计得分 | — | — | 100 | — | | | | | |

### 2.3.5 规范与依据

《砌体结构工程施工质量验收规范》GB 50203—2011

## 2.4 砖 柱 砌 筑

### 2.4.1 目的与要求

1. 加强训练砌筑操作技能训练，掌握砖柱的组砌方法；
2. 掌握砌筑工程的施工工艺和质量标准；
3. 培养学生团队协作能力，认真细致的工作作风，扎实的专业技能；
4. 按照规定的操作步骤完成一个截面 365mm×365mm，高 1800mm 矩形独立砖柱的放样、摆砖、砌筑、质量检验等工作，提交质量检验表和实习报告。

### 2.4.2 工具与计划

1. 工具：砂浆搅拌机、砖刀、灰桶、托线板、靠尺、水平尺、钢卷尺、铁锹、墨线斗、双轮手推车等。
2. 计划：实训按小组安排，时间 1d。

### 2.4.3 要点与流程

一、工作要点

1. 基本理论的学习，原材料、设备、工具及辅助用品的准备。
2. 合理分组，协同工作。
3. 严格按规范要求检查和评价工作过程与结果。

二、实训流程（图 2-12）

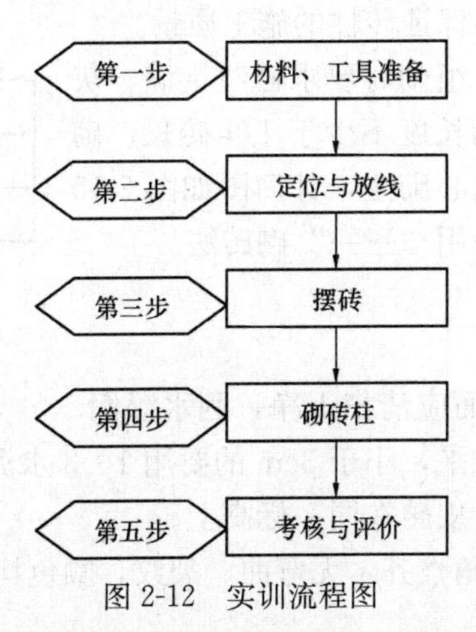


图 2-12 实训流程图

（一）材料、工具准备

砖柱实训用到的材料、工具包括砂浆、砖、小型工具、共用工具、质量检测工具等。为了保证操作的顺利进行，应在实训前将相关材料、工具准备好，并保证工具的完整性。

砖柱实训用到的材料包括砂浆、砖两大类。常见的砌筑砂浆有石灰砂浆、混合砂浆和水泥砂浆三种，为方便拆除，常采用石灰砂浆砌筑。砖采用烧结多孔砖（P型砖）。

（二）定位与放线

定位与放线就是确定砖柱的轴线和边线，定位与放线包括以下几个步骤：

（1）在同一排工位上弹一条通线作为砖柱一个方向的轴线 X-X，在通线上每个工位中间定一个点，当作砖柱另一个方向轴线的交点 O，过此交点作 X-X 的垂线 Y-Y，此两条相互垂直的直线即为砖柱的轴线，如图 2-13 所示。

（2）以 O 为中心，分别向上下左右延伸 182.5mm，与 X-X、Y-Y 轴分别交于 *a*、*b*、*c*、*d* 点，分别在 *a*、*b*、*c*、*d* 点上向 X-X、Y-Y 轴两侧垂直延伸 182.5m，两两相交于 *A*、*B*、*C*、*D* 四点，分别在 *A*、*B*、*C*、*D* 四点间弹出墨线，*ABCD* 围成的四边形即为砖柱边线，如图 2-14 所示。

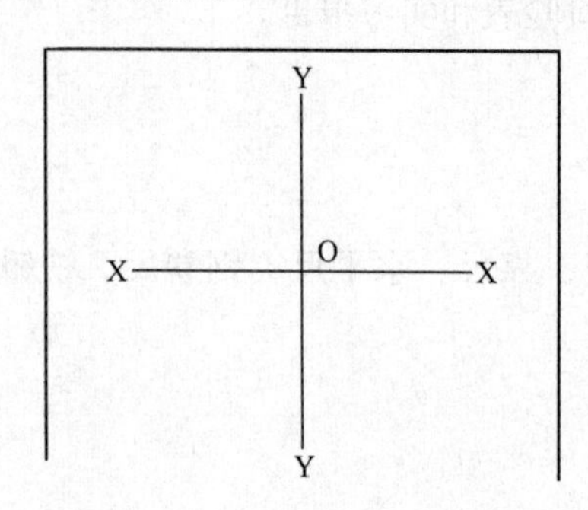


图 2-13　某工位砖柱砌筑位置

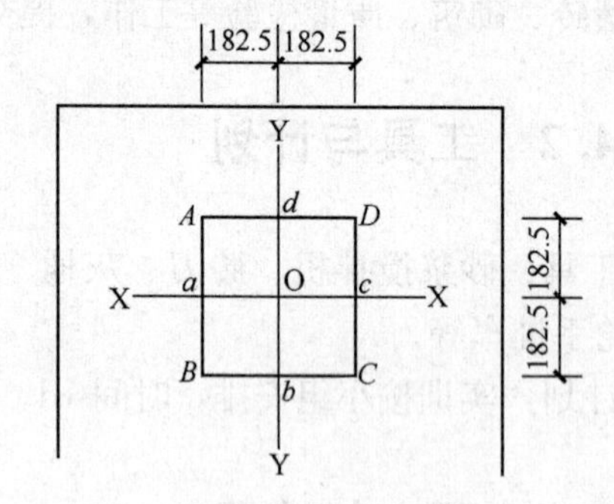


图 2-14　砖柱测设

（三）摆砖

排砖撂底，根据排砌方案进行干摆砖试排。

砖柱是砌体结构中重要的受压构件，承受上部结构传来的压力。砖柱的砌筑质量直接影响到砌体的承载力，关乎整个结构的安全。施工质量对砌体的强度有较大的影响，因此要严格按规范要求进行施工，保证砖柱的施工质量。

独立砖柱因单独承载力，组砌时要求砂浆饱满，灰缝密实，上下错缝搭接，搭砌长度不少于 1/4 砖长，砌筑时不能采用有竖向通缝的包心砌法，其简图如图 2-15 所示。独立砖柱的砌筑方法采用“三一”砌砖法。

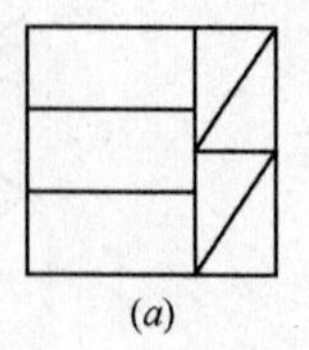

(*a*)

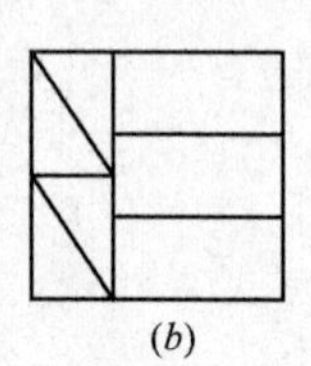

(*b*)

图 2-15　砖柱组砌图

（*a*）一层；（*b*）二层

（四）立皮数杆砌砖柱

（1）操作要点

1）砌筑砖柱前，基层表面应清扫干净，洒水湿润。基层面高低不平时，要进行找平，小于 3cm 的要用 1∶3 水泥砂浆找平，大于 3cm 的要用细石混凝土找平，使各柱第一皮砖在同一标高上。

2）选砖：柱砖应选择棱角整齐，无弯曲、裂纹，颜色均匀，规格基本一致的砖。

3）根据排砌方案砌筑砖柱第一皮砖，同时应在柱的近旁竖立皮数杆，根据皮数杆的刻度确定每皮砖的高度，保证砖皮数正确。

4）参照皮数杆砌筑砖柱各皮砖，砌筑过程中根据“三皮一吊，五皮一靠”的原则，用线锤和托线板检查砖柱四个角的垂直度、平整度，发现问题及时调整。同一排工位上多根柱子要拉通线检查柱网中心线。

（2）砌筑量

墙长：1.61m，高：1.20m。

（3）学生在实训指导教师的指导下进行操作。

### 2.4.4 考核与评价

项目实训考核按表 2-3 规定执行。

**清水方柱砌筑实训考核与评价表** 表 2-3

| 序号 | 测定项目 | 评分标准 | 标准分 | 检测点 | | | | | 得分 |
|---|---|---|---|---|---|---|---|---|---|
| | | | | 1 | 2 | 3 | 4 | 5 | |
| 1 | 排砖 | 内外搭接不正确不得分 | 10 | | | | | | |
| 2 | 组砌方法 | 不正确不得分 | 15 | | | | | | |
| 3 | 转角排砖 | 不准确不得分 | 15 | | | | | | |
| 4 | 定位弹线 | 不准确不得分 | 10 | | | | | | |
| 5 | 标高测定 | 超过 2mm 每处扣 1 分，超过 4mm 不得分 | 10 | | | | | | |
| 6 | 砂浆饱满度 | 小于 80%每处扣 1 分，3 处小于 80%不得分 | 15 | | | | | | |
| 7 | 操作工艺 | 违反施工操作程序不得分 | 15 | | | | | | |
| 8 | 工具使用和维护 | 施工前后检查 2 次，不符合要求每次扣 2 分 | 10 | | | | | | |
| 9 | 合计得分 | — | 100 | — | | | | | |

### 2.4.5 规范与依据

《砌体结构工程施工质量验收规范》GB 50203—2011

# 第3章　柱模板安装实训

## 3.1　接受实训任务与制订工作方案

### 3.1.1　项目概况及要求

某现浇框架结构，柱网平面布置图如图3-1所示，柱断面尺寸600mm×600mm，净高3900mm，要求学生采用组合钢模板进行柱模板安装。柱子大面采用组合钢模拼装，四角采用钢角模连接，支撑方式采用柱箍和钢管脚手架支撑。依据所给尺寸完成柱子组合钢模板配板设计、安装及拆除实训。

通过实训，要求学生达到以下要求：

1. 了解现浇框架柱钢模板的类型、钢模板的连接件，了解模板支撑系统。
2. 掌握模板的配板设计，熟悉柱模板的构造与施工以及架设方法。
3. 了解模板的拆除依据以及拆除过程中的注意事项。

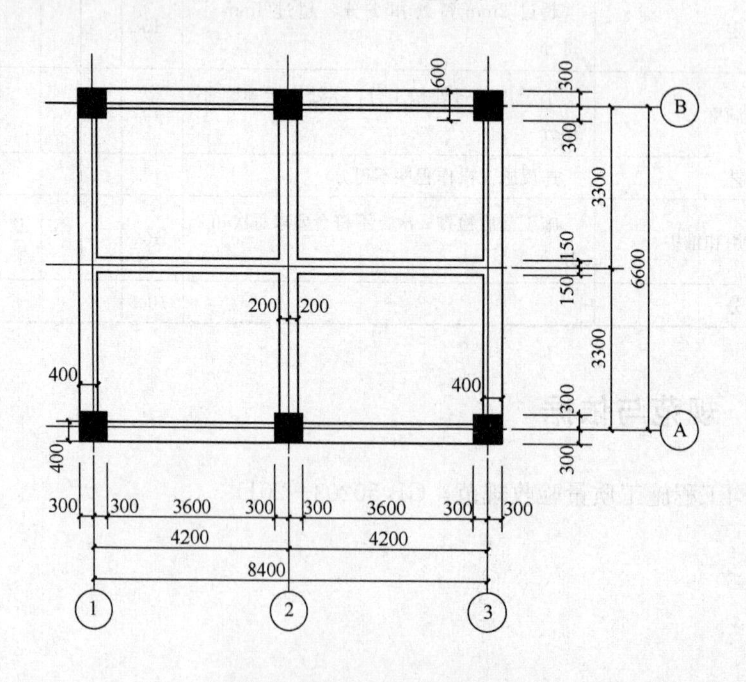


图3-1　柱模板安装平面布置图

## 3.1.2 项目分析及工作流程

1. 项目分析

（1）柱子是建筑中具有支撑作用的竖向构件，钢筋混凝土柱的长细比一般较大，安装柱模板主要解决垂直度、侧向稳定性和抵抗浇筑混凝土所产生的侧压力等问题。

（2）柱模板由模板、柱箍和支撑系统等组成，其特点主要是布置零星分散，尺寸和垂直度要求严格，要具有足够的强度、刚度和稳定性，并满足混凝土浇筑和方便拆模的要求。

（3）柱子高度为 3.9m，应在底部留置清理孔，3m 高处留置浇筑孔，顶部主梁方向留缺口与主梁连接。

2. 实训流程（图 3-2）

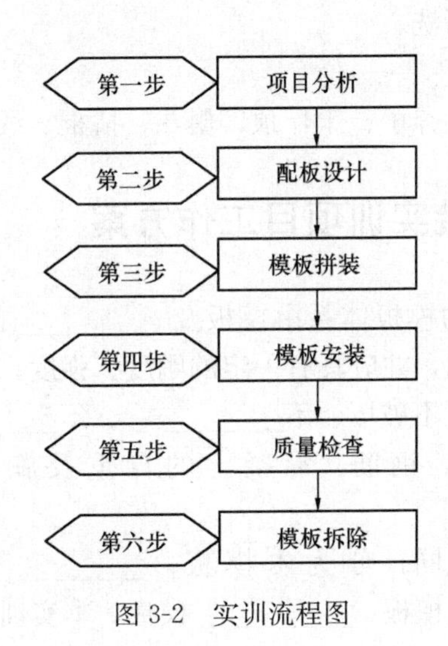


图 3-2　实训流程图

## 3.1.3 工作准备

1. 组织形式

（1）项目实训动员，进行安全文明和环境保护等内容的教育。

（2）实训班级分组，每组约 10 人。

（3）小组接受实训任务，分析工作流程和项目实施途径。

（4）完成模板安装与拆除的技术交底。

（5）借、领工具和材料至实训场地。

（6）成员分工，项目实施。

2. 技术准备

（1）详细阅读工程图纸，进行必要的配板设计。优先选用通用大块模板，使其种类和块数量少，木模镶拼量最少；模板长向拼接宜采用错开布置，以增加模板的整体刚度。

（2）确定柱模板直接采用脚手架钢管作为柱箍和梁夹具，断面较大的柱宜用对拉丝杆或对拉片。

（3）由指导老师对实训班组做技术交底。

3. 材料准备

1）平面模板：由面板和肋条组成，采用 Q235 钢板制作。面板厚 2.3mm 或 2.5mm，肋条上设有 U 形卡孔，模板长度为 450mm、600mm、750mm、900mm、1200mm，宽度为 100mm、150mm、200mm、250mm、300mm。

2）转角模板：有阴角模板和连接角模，主要用于结构的转角部位。其长度与平面模板相同。其中阴角模板有 150mm×150mm、100mm×150mm 两种宽度规格，连接角模的规格为 50mm×50mm。

3）连接件：U 形卡、钩头螺栓、蝶形卡、对拉丝杆、对拉片等，Φ48×3.5 钢管作为支架，连接固定钢管脚手架的扣件。

4）辅助材料：嵌缝木条、泡沫条（防止板缝漏浆）、脱模剂等。脱模剂应经济适用，不粘污钢筋和便于抹灰前的清洗。

4. 机具准备

钉锤、活动扳手、木锯、斧子、千斤顶、墨斗、撬棍、线锤、钢卷尺、力矩扳手等。

### 3.1.4 柱模板安装实训项目工作方案

钢筋混凝土结构或构件的模板体系由模板及__________两部分组成，模板的形状和__________要与结构构件相同，并应具有一定的刚度、强度，保证在混凝土自重、施工荷载及混凝土侧压力的作用下，不破坏、不__________、不__________、不__________。

要求支撑系统在模板、钢筋、混凝土的自重及施工荷载作用下，不沉降、__________、__________。

模板按所使用材料不同，分为木模板、__________模板、__________模板、__________模板、__________模板、__________模板，本实训使用的模板为__________模板，其装拆方法属于__________式。

柱模板的构造和安装主要考虑保证垂直度及抵抗新浇混凝土的__________；矩形柱模板体系由模板和__________组成，底部应开设__________孔。

柱模板高度超过__________ m 时，应沿高度方向每隔__________ m 左右开设混凝土浇筑孔。模板安装时应校正其两个侧面的垂直度，检查无误后，用__________撑支牢固定。

脚手架完成搭设并经验收合格后方可投入使用。

脚手架经相关责任人签字同意后方可拆除。

## 3.2 柱模板安装

### 3.2.1 目的与要求

1. 完成指定柱模板安装与拆除，通过实训了解现浇框架柱钢模板的类型、钢模板的连接件，了解模板支撑系统。

2. 了解模板的配板设计，掌握柱模板的构造与施工及架设方法。

3. 了解模板的拆除依据以及拆除过程中的注意事项。

## 3.2.2 工具与计划

1. 认识组合钢模板及其连接件

组合钢模板由钢模板和配件两大部分组成。钢模板经专用设备压轧成型，具有完成配套使用的通用配件，能组合拼装成不同尺寸的板面和整体模架。组合钢模板的宽度小于等于 300mm，长度小于等于 1500mm，面板采用 Q235 钢板制成，厚 2.3mm 或 2.5mm，又称组合式定型小钢模或小钢模板。其主要类型分为：平面模板、阴角模板、阳角模板、连接角模等，如图 3-3 所示，其配件包括连接件和支承件，如图 3-4 所示。

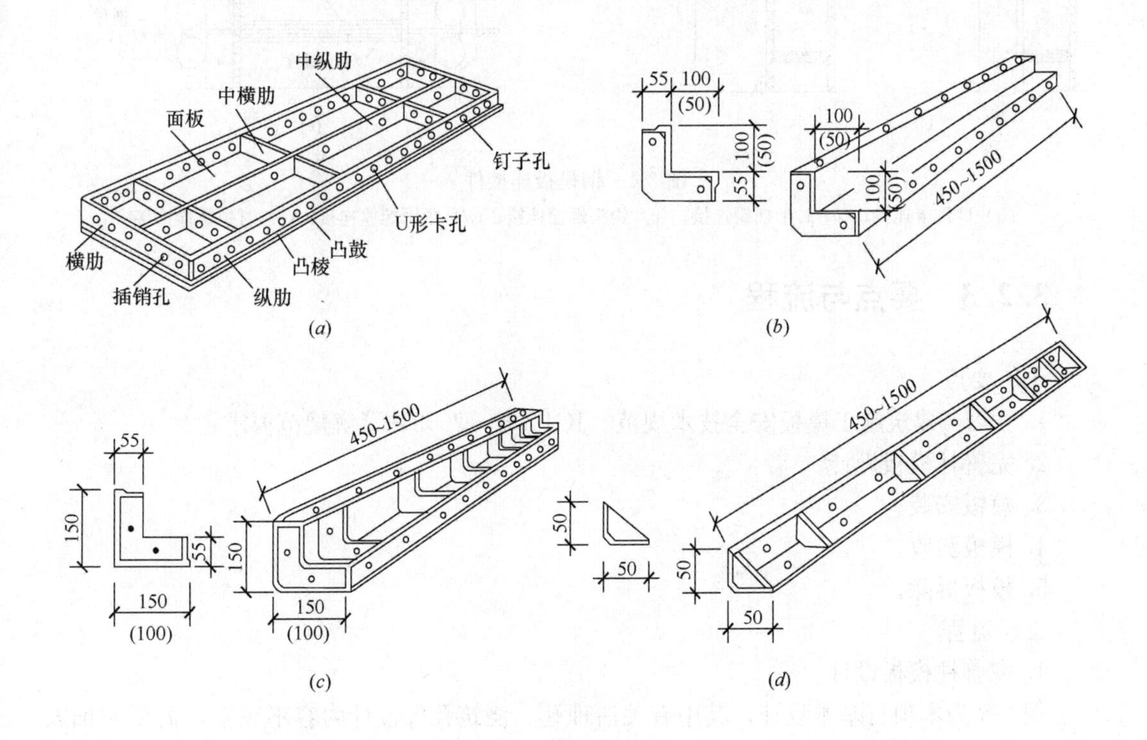


图 3-3 钢模板类型（mm）

(*a*) 平面模板；(*b*) 阳角模板；(*c*) 阴角模板；(*d*) 连角模板

2. 模板工的常用工具有：钢直尺、大小钢卷尺和皮尺、角尺、水平尺、线坠、铅笔、榔头、墨斗、手锯、平刨、手钻、斧子、活扳子。

3. 计划：实训按小组安排，每组实训量为安装、拆除 3 根柱模，时间 2 天，其中 1 天半为安装，半天为拆除。

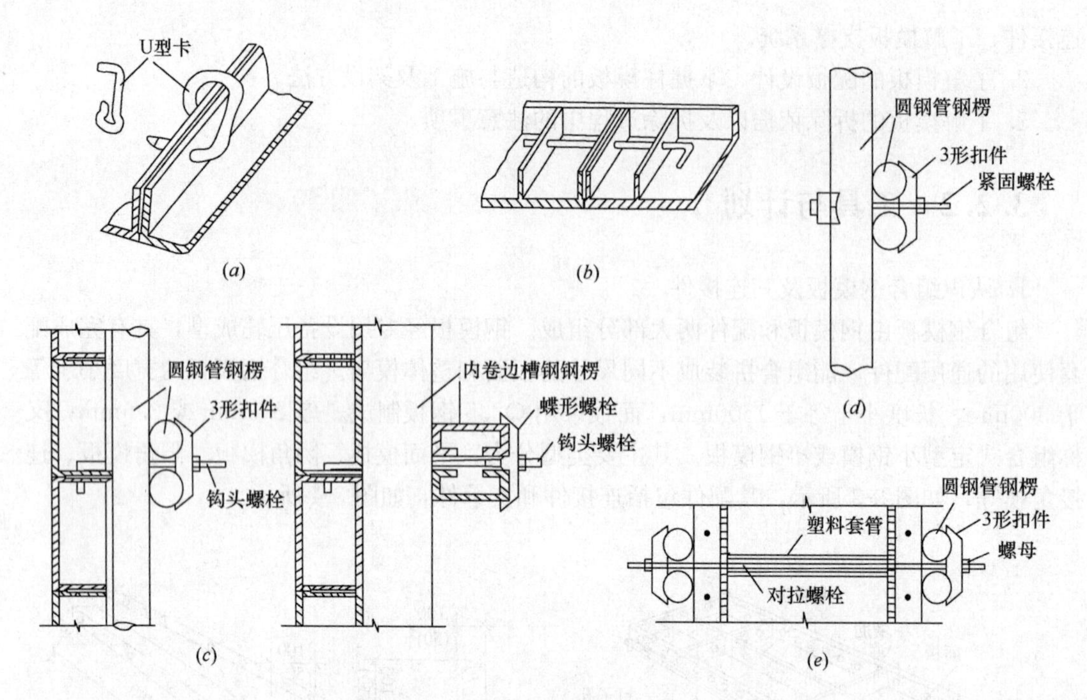


图 3-4 钢模板连接件

(a) U形卡连接；(b) L形插销连接；(c) 钩头螺栓连接；(d) 紧固螺栓连接；(e) 对拉螺栓连接

## 3.2.3 要点与流程

一、要点

1. 学习《建筑施工模板安全技术规范》JGJ 162—2008，了解规范要求。

2. 完善柱模板设计。

3. 模板安装。

4. 模板验收。

5. 模板拆除。

二、流程

1. 完善柱模板设计。

图 3-5 为本项目基本设计，其中有关清理孔、浇筑孔等设计内容不完整，需要实训人员补充。

模板配板设计是根据工程结构形式特点及现场施工条件，对模板进行配板设计，以确定模板平面布置形式，纵横龙骨规格数量排列尺寸。本项目中，需要完善的内容有：柱箍形式及间距、柱支撑间距、模板组装形式、连接节点大样、验算模板和支撑的强度刚度及稳定性，绘制全套模板设计图等。模板供应数量应在模板设计时按流水段划分，进行综合研究，确定模板的合理配置数量。

2. 柱模板实训流程

弹柱位置线→抹找平层→搭设安装支架→拼装模板→检查垂直度和位置→安装柱箍→全面检查校正→柱模固定

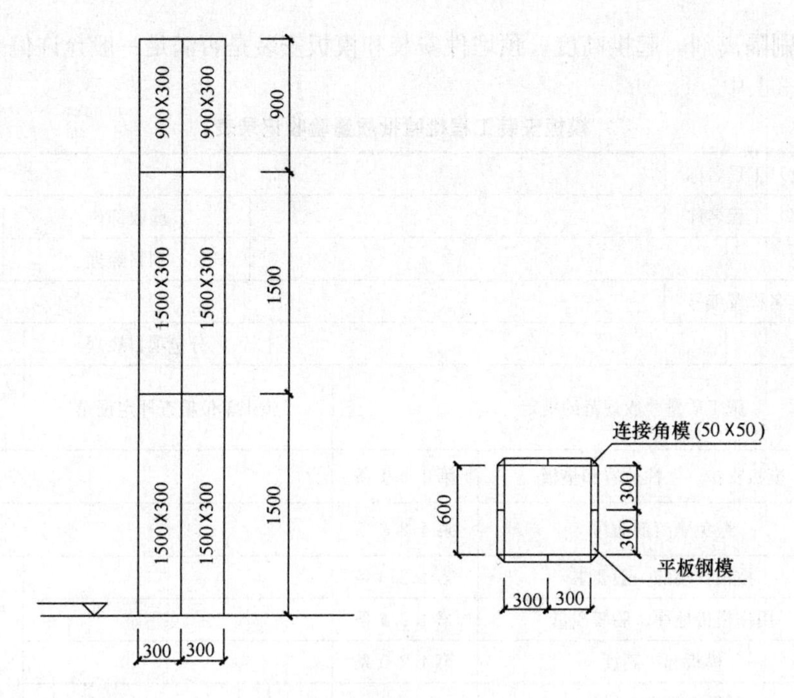


图 3-5　柱模板设计（mm）

3. 柱模板操作实训

（1）弹柱子位置线

其目的是保证柱子轴线、边线与标高的准确，并作为放线位置。

（2）拼装柱模板

常用的柱模板安装方法有两种，一是单块散拼散拆，二是预拼成单片模板吊装就位拼装。本次实训采用单块散拼散拆方法。

先将柱子四面模板就位，用连接角模组拼好，角模宜高出平模，校正好模板对角线，并用柱箍固定，柱箍常用钢管。柱箍间距应根据模板设计确定，必要时应设置对拉螺栓加固，直至柱全高。在安装柱箍时，注意柱箍与周边架子的临时支撑或拉结以防倾倒。在全面检查校正柱模垂直度后，将柱箍与整体脚手架连接固定。最后柱模根部用水泥砂浆堵严，防止漏浆。

（3）搭设脚手架

其目的是作为固定柱子模板的支撑。

（4）安装柱子模板

模板与模板之间用U形扣件连接，四周及垂直方向用柱箍进行连接，用脚手架进行固定以保证刚度及稳定性。

（5）校核方正及垂直度

依据已经弹好的位置边线，控制柱模板的方正；再用吊线锤检查柱模板的垂直度。各项指标符合要求后，将模板固定好。

（6）验收模板

模板安装完成之后，要将现场清理干净，并组织验收。

4. 柱模板验收

模板完成安装后，应对其进行质量检验。主要检查模板及支架是否符合设计方案要求，是否涂刷隔离剂，起拱高度、预埋件安装和模板安装是否满足一般允许偏差等。验收记录填入表 3-1 中。

**模板安装工程检验批质量验收记录表　　　表 3-1**

| 单位（子单位）工程名称 | | | | | | | |
|---|---|---|---|---|---|---|---|
| 分部（子分部）工程名称 | | | | | | 验收部位 | |
| 施工单位 | | | | | | 项目经理 | |
| 施工执行标准名称及编号 | | | | | | | |
| 分包单位 | | | | | | 分包项目经理 | |
| 施工质量验收规范的规定 | | | | | | 施工单位检查评定记录 | 监理（建设单位验收记录） |
| 主控项目 | 1 | 模板支撑、立柱位置和垫板 | | | 第 4.2.1 条 | | |
| 主控项目 | 2 | 避免隔离剂沾污 | | | 第 4.2.2 条 | | |
| 一般项目 | 1 | 模板安装的一般要求 | | | 第 4.2.3 条 | | |
| 一般项目 | 2 | 用作模板地坪、胎膜质量 | | | 第 4.2.4 条 | | |
| 一般项目 | 3 | 模板起拱高度 | | | 第 4.2.5 条 | | |
| 一般项目 | 4 | 预埋件、预留孔允许偏差 | 预埋钢板中心线位置（mm） | | 3 | | |
| 一般项目 | 4 | 预埋件、预留孔允许偏差 | 预埋管、预留孔中心线位置（mm） | | 3 | | |
| 一般项目 | 4 | 预埋件、预留孔允许偏差 | 插筋 | 中心线位置（mm） | 5 | | |
| 一般项目 | 4 | 预埋件、预留孔允许偏差 | 插筋 | 外露长度（mm） | +10，0 | | |
| 一般项目 | 4 | 预埋件、预留孔允许偏差 | 预埋螺栓 | 中心线位置（mm） | 2 | | |
| 一般项目 | 4 | 预埋件、预留孔允许偏差 | 预埋螺栓 | 外露长度（mm） | +10，0 | | |
| 一般项目 | 4 | 预埋件、预留孔允许偏差 | 预留洞 | 中心线位置（mm） | 10 | | |
| 一般项目 | 4 | 预埋件、预留孔允许偏差 | 预留洞 | 尺寸 | +10，0 | | |
| 一般项目 | 5 | 模板安装允许偏差 | 轴线位置（mm） | | 5 | | |
| 一般项目 | 5 | 模板安装允许偏差 | 底模上表面标高（mm） | | ±5 | | |
| 一般项目 | 5 | 模板安装允许偏差 | 截面内部尺寸（mm） | 基础 | ±10 | | |
| 一般项目 | 5 | 模板安装允许偏差 | 截面内部尺寸（mm） | 柱、墙、梁 | +4，−5 | | |
| 一般项目 | 5 | 模板安装允许偏差 | 层高垂直度（mm） | 不大于 5m | 6 | | |
| 一般项目 | 5 | 模板安装允许偏差 | 层高垂直度（mm） | 大于 5m | 8 | | |
| 一般项目 | 5 | 模板安装允许偏差 | 相邻两板表面高低差（mm） | | 2 | | |
| 一般项目 | 5 | 模板安装允许偏差 | 表面平整度（mm） | | 5 | | |
| 施工单位检查评定结果 | | | 专业工长（施工员） | | | 施工班组长 | |
| | | | 项目专业质量检查员： | | | | 年　月　日 |
| 监理（建设）单位验收结论 | | | 专业监理工程师：（建设单位项目专业技术负责人） | | | | 年　月　日 |

5. 柱模板的拆除

1）模板的拆除。非承重模板（如侧模板），应在混凝土强度能保证其表面及棱角不因拆除模板而受损坏时，方可拆除，承重模板，应在与结构同条件养护的试块达到规定强度，方可拆除。

2）拆模程序一般应是后支的先拆，先支的后拆。先非承重部位，后承重部位以及自上而下的原则。

3）单块组拼的柱模，先拆除支承钢管、柱箍和对拉丝杆等连接和支承件，再由上而下，把连接每片柱模的U形卡拆除掉，用撬棍轻轻撬动模板使模板脱离混凝土；预组拼的柱模，则应先拆除两个对角的U形卡并作临时支撑后，再拆除另两个对角U形卡。

4）拆下的模板等配件，严禁抛扔，并做到及时清理、维修和涂刷好隔离剂，以备待用。

## 3.2.4 考核与评价

柱模板安装实训项目的考核根据小组的安装质量、安全文明施工、纪律要求以及工作效率等进行综合考核，个人成绩在小组考核基础上区别个人表现予以评价。成绩评价结果填入表3-2中。

**柱模板实训成绩考核表** **表3-2**

| 序号 | 考核内容 | 分值 | 扣分 | 得分 |
|---|---|---|---|---|
| 1 | 小组完成项目的质量（安装、拆除） | 60 | | |
| 2 | 小组成员安全文明施工 | 20 | | |
| 3 | 个人准备、模板设计、实训纪律、操作技能及其他表现 | 20 | | |
| | 得分合计 | 100 | | |

注：规定时间内未完成项目或出现严重违反安全操作规程行为，责任人的成绩评为60分以下。

## 3.2.5 规范与依据

1.《建筑工程施工质量验收统一标准》GB 50300—2013

2.《建筑施工模板安全技术规范》JGJ 162—2008

# 第4章 架子工实训

## 4.1 接受实训任务与制订工作方案

### 4.1.1 项目概况

如图 4-1 所示，拟建房屋长、宽均为 6m，现场施工条件良好，工具、材料完备，要求按脚手架平面布置图完成双排钢管扣件式脚手架的搭设，并完成脚手架质量检验评定。

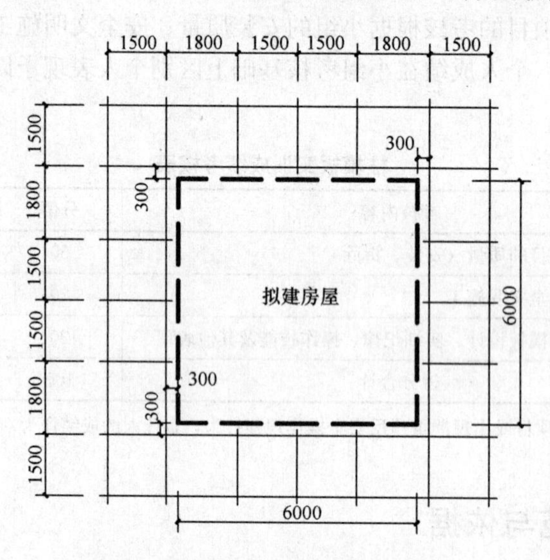


图 4-1 脚手架搭设平面布置（mm）

### 4.1.2 项目工作流程

落地脚手架搭设的工艺流程为：场地平整、夯实→基础承载力实验、材料配备→定位设置通长脚手板、底座→纵向扫地杆→立杆→横向扫地杆→小横杆→大横杆（搁栅）→剪刀撑→连墙件→铺脚手板→扎防护栏杆→扎安全网。

### 4.1.3 工作准备

1. 脚手架搭设的基本知识准备。

2. 材料、工具准备。

### 4.1.4 双排钢管扣件式外脚手架搭设项目工作方案

本实训项目为搭设拟定建筑物外用双排钢管扣件式脚手架，拟定建筑为尺寸为________m，脚手架搭设高度为________m。项目实施应当遵守的规范是《________________________》JGJ 130—2011。

脚手架应当安全可靠，具有足够的刚度、________和________。脚手架宽度一般为________m。扣件式脚手架钢管外径为________mm，扣件的基本形式有回转扣件、________扣件、________扣件。

脚手架搭设前，场地应当________。站地立杆下应设置________，纵向扫地杆距离地面________mm，横向扫地杆设置于纵向扫地杆的________方，大横杆设置于立杆的________侧。

立杆接长应用________扣件，横杆接长搭接长度不小于________m，用3个________扣件等间距固定。

脚手板离开墙面约________mm，两块板搭接长度应大于________mm。剪刀撑设置宽度不应小于________跨，且不应小于________m，剪刀撑斜杆接长宜采用________。

脚手架搭设的最后步骤为________。

## 4.2 双排钢管扣件式外脚手架搭设

### 4.2.1 目的与要求

1. 目的：通过本项目实训，熟悉扣件式钢管脚手架的构成，初步掌握扣件式外脚手架的搭设方法，理解脚手架搭设基本要领。

2. 要求

(1) 熟悉材料、工具；

(2) 掌握脚手架搭设的工艺、方法；

(3) 掌握脚手架搭设的基本要求和安全技术。

(4) 文明施工。

### 4.2.2 工具与计划

1. 工具：扳手、钢卷尺、铁锤、老虎钳、吊线锤。

2. 材料：Φ48×3.5mm 脚手架钢管，长度为6000mm、3000mm、2300mm；直角扣件、回转扣件、对接扣件、踢脚板、安全网、铁丝、铁钉若干。

脚手架钢管质量必须符合国标《碳素结构钢》GB/T 700 中 Q235-A 级钢的规定。现场应对钢管进行检测，内容是：

（1）外观：应平直光滑，不应有裂缝、结疤、分层、错位、硬弯、毛刺、压痕和深的划道。

（2）其他要求：钢管上不应钻孔、开口，钢管必须涂刷防锈漆。

本项目钢管采用直缝电焊钢管；扣件用可锻铸铁制作坯体，用 Q235-A 级钢制作螺栓，其三种基本形式如图 4-2 所示。

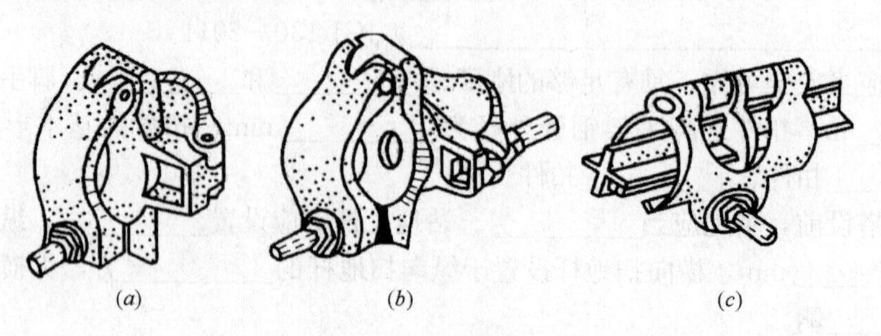


图 4-2　扣件的基本形式

（a）直角扣件；（b）旋转扣件；（c）对接扣件

现场应对扣件与钢管的贴面整合情况、扣件质量进行严格检查，严禁带病使用。

3. 计划：本项目实施宜将学生分为 6～8 人一组，事前应按组领出工具、材料，确认场地；实施过程中指派专人负责安全工作，项目完成应交还领出物品、清理场地。指导教师应全程指导。

## 4.2.3　要点与流程

一、要点

1. 技术要求

按图搭设高度为 4m，宽度为 1.5m，长度为 6m 的双排多立杆钢管扣件式脚手架；第 1 步扫地杆离地 20cm，2～3 步为 1.8m，最上面 2 步满铺脚手板，内挂安全网。现场采用 Φ48mm 钢管及 3 种扣件，木脚手板。

2. 构造要求

（1）纵向水平杆宜设置在立杆内侧，其长度不宜小于 2 跨。

（2）纵向水平杆接长宜采用对接扣件连接，也可采用搭接。对接、搭接应符合下列规定：

1）纵向水平杆的对接扣件应交错布置：两根相邻纵向水平杆的接头不宜设置在同步或同跨内；不同步或不同跨两个相邻接头在水平方向错开的距离不应小于 500mm；各接头中心至最近主节点的距离不宜大于纵距的 1/3。

2）搭接长度不应小于 1m，应等间距设置 3 个旋转扣件固定，端部扣件盖板边缘至搭接纵向水平杆杆端的距离不应小于 100mm。

3）当使用脚手板时，采用对接平铺，其接头处必须设两根小横杆，脚手板外伸长应取 130～150mm，两块脚手板外伸长度的和不应大于 300mm。

（3）横向水平杆的构造应符合下列规定：

1）主节点处必须设置一根横向水平杆，用直角扣件扣接且严禁拆除。主节点处两个直角扣件的中心距不应大于150mm。

2）作业层上非主节点处的横向水平杆，宜根据支撑脚手板的需要等间距搭设，最大间距不应大于纵距的1/2。

3）双排脚手架的横向水平杆两端均采用直角扣件固定在纵向水平杆上。

（4）立杆

1）每根立杆底部应设置底座或垫板。

2）脚手架必须设置纵、横向扫地杆。纵向扫地杆应采用直角扣件固定在距底座上方大于200mm处的立杆上。横向扫地杆亦采用直角扣件固定在紧靠纵向扫地杆下方的立杆上。当立杆基础不在同一高度上时，必须将高处的纵向扫地杆向低处延长两跨与立杆固定，高低差不应大于1mm。靠边坡上方的立杆轴线到边坡的距离不应小于500mm。

3）立杆接长除顶层步中采用搭接外，其余各层各步接头必须采用对接扣件连接。对接、搭接应符合下列规定：

①立杆上的对接扣件交错布置：两根相邻立杆的接头不应设置在同步内，同步内隔一根立杆的两个相隔接头在高度方向错开的距离不宜小于500mm；各接头中心至主节点的距离不宜大于步距的1/3。

②搭接长度不应小于1m，应采用不小于2个旋转扣件固定，端部扣件盖板的边缘至杆端距离不应小于100mm。

（5）连墙件

脚手架下部暂不能设连墙件时可搭设抛撑。抛撑应采用通长杆件与脚手架可靠连接，与地面的倾角应在45°～60°；连接点中心至主节点的距离不应大于300mm。抛撑应在连墙件搭设后方可拆除。

（6）剪刀撑与横向斜撑

1）双排脚手架应设剪刀撑与横向斜撑，单排脚手架应设剪刀撑。

2）剪刀撑的设置应符合下列规定：

①每道剪刀撑跨越立杆的根数宜按规范确定。每道剪刀撑宽度不应小于6跨，且不应大于7根立杆，斜杆与地面的倾角宜在45°～60°。

②高度在24m以下的单、双排脚手架，均必须在外侧立面的两端各设置一道剪刀撑，并应由底至顶连续设置；中间各道剪刀撑腰之间的净距不应大于15m。

③剪刀撑斜杆的接长宜采用搭接，搭接应符合立杆搭接的规定。

3）横向斜撑的设置应符合下列规定：

横向斜撑应在同一节间，由底至顶层呈之字形连续布置，斜撑的固定应符合过门洞斜杆搭接要求。

3. 安全要求

（1）搭设脚手架人员必须戴安全帽，系安全带，穿防滑鞋。

（2）脚手架的构配件质量与搭设质量，应按规范的规定进行检查验收，合格后方准使用。

（3）当有六级及六级以上大风和雾、雨、雪天气时应停止脚手架搭设与拆除作业。雨、雪后上架作业应有防滑措施。

（4）在脚手架搭设期间，严禁拆除抛撑。

（5）不得在脚手架基础及其邻近处进行挖掘作业。

（6）搭拆脚手架时，周围应设警戒线，并派专人负责看守。

二、流程

主要内容为脚手架搭设作业、拆除作业。

1. 搭设作业

（1）铺垫板、放底座。地基处理好后，就可以铺垫板。按《建筑施工扣件式钢管脚手架安全技术规范》JGJ 130—2001 规定，扣件式钢管脚手架可以只铺垫板或只设底座，具体工程采用什么方案由单位工程施工组织设计决定。用 50mm 厚木板或 16 号槽钢沿脚手架纵向铺垫板，底座可摆放在坚实的地面，也可摆在垫板上。为了保证立杆位置准确，铺板要拉准线，并用粉笔在垫板上作立杆位置标记。

（2）扫地杆接长就位。纵向扫地杆用长 4～6.5m 的钢管，横向扫地杆用 1.8～2.2m 的钢管。纵向扫地杆接长用对接扣件，扣件的开口朝内或外（不能朝上，也不能朝下）。扫地杆接长后，在立杆位置扣接一个直角扣件（有底座的，扣件紧靠底座）。

（3）竖立杆。竖立杆至少要 2 人配合，一人将立杆在靠近扫地杆扣件处竖起，另一人用脚抵住立杆底部，配合立杆竖直。当立杆基本竖直后，竖杆人提起立杆插入底座，另一人随即套上扣件并拧紧。竖好 1 根立杆后，竖杆人扶住立杆，不能松手，待第 2 根立杆竖好，立即架横杆，横杆架好，并基本稳定后，才能放手。

双排架先立里排杆，后立外排杆，内外排立杆横距按搭设方案确定。立杆时，宜先立两头及中间的一根，待“三点拉成一线”后再竖中间立杆。其垂直度允许偏差不大于高度的 1/200。双排架的里外排立杆的连线应与墙面垂直。

（4）架横杆。竖好 2 根立杆后，即安装横杆。可先架大横杆，也可先架小横杆，以能尽快让独立的杆形成架子为准。横杆两端要伸出立杆外 100mm，以防止横杆受力后发生弯曲从扣件中滑脱。大横杆要保持水平，每根杆的两端高低差不超过 20mm，同跨内 2 根横杆的高低差不大于 10mm。横杆接头位置应在靠近立杆 1/3 长度范围内，且上下横杆不得在同步内同时有接头，内外横杆不得在同跨内同时有接头。

（5）安装剪刀撑。剪刀撑是用 2 根钢管交叉分别跨过 4 根以上立杆，设于临空侧立杆外侧，斜杆与地面的夹角为 45°～60°。剪刀撑主要是增强架子纵向稳定及整体刚度。一般从房屋两端开始设置，当脚手架高度小于 24m 时，每隔 15m 布置 1 道；当脚手架高度大于 24m 时，则沿脚手架外侧全范围布置。下部剪刀撑斜杆要抵紧地面，用旋转扣件与立杆扣紧，中间用旋转扣件与小横杆外伸端或立杆扣紧。

2. 拆除作业

（1）拆除顺序

各杆件拆除顺序为：安全栏杆→剪刀撑→大横杆→小横杆→立杆，自上而下逐步拆除。

（2）操作要点

1）拆除横杆、立杆及剪刀撑等较长杆件，要由 3 人配合操作。两端人员拆卸扣件，中间一人负责接送（向下传送）。

2）杆件拆除要“一步一清”，不得采用踏步式拆法。对剪刀撑、连墙杆，不能一次全部拆除，只能随架子整体的下拆而逐层拆除。

3）拆除的扣件与零配件，用工具包或专用容器收集，用吊车或吊绳吊下，不得向下抛掷。也可将扣件留置在钢管上，待钢管吊下后，再拆卸。

4）拆除的杆件、扣件要按规格、品种分类堆放，并及时清理入库。

5）拆除时要设置警戒线，专人负责安全警戒，禁止无关人员进入。

3. 搭设完成后对脚手架进行验收、评定，然后再拆除。

### 4.2.4 规范与依据

1.《碳素结构钢》GB/T 700

2.《建筑施工扣件式钢管脚手架安全技术规范》JGJ 130—2011

3.《特种作业人员安全技术培训考核管理规定》

### 4.2.5 考核与评价

1. 本项目技术部分占总评分的60%，计60分，评价标准见表4-1。

**双排钢管扣件式外脚手架搭设实训技术考核表** **表4-1**

| 序号 | 项目 | 扣分标准 | 项目分值 | 项目得分 |
|---|---|---|---|---|
| 1 | 垫木和底座 | 未设置垫木的，扣4分；设置不正确的，每处扣2分；未设置底座的，每处扣2分 | 4 | |
| 2 | 立杆 | 杆件间距尺寸偏差超过规定值的，每处扣2分；立杆垂直度偏差超过规定值的，每处扣2分；连接不正确的，每处扣2分 | 6 | |
| 3 | 扫地杆 | 未设置扫地杆的，扣6分；设置不正确的，每处扣2分 | 6 | |
| 4 | 纵向水平杆 | 杆件间距尺寸偏差超过规定值的，每处扣1分；设置不正确的，每处扣2分 | 4 | |
| 5 | 横向水平杆 | 未设置横向水平杆的，每处扣2分；设置不正确的，每处扣1分 | 4 | |
| 6 | 连墙件 | 连墙件数量不足的，每缺少1处扣2分；设置位置错误的，每处扣2分；设置方法错误的，每处扣2分 | 6 | |
| 7 | 剪刀撑 | 未设置剪刀撑的，扣6分；设置不正确的，每处扣2分 | 6 | |
| 8 | 扣件拧紧扭力矩 | 随机抽查4个扣件的拧紧扭力矩，不符合要求的，每处扣2分 | 4 | |
| 9 | 安全网 | 未设置首层平网的，扣2分；未设置随层平网的，扣4分；未挂设密目式安全网的，扣3分；安全网设置不符合要求的，每处扣2分 | 6 | |

续表

| 序号 | 项目 | 扣分标准 | 项目分值 | 项目得分 |
|---|---|---|---|---|
| 10 | 操作层防护 | 未设置挡脚板的，扣3分；设置不正确的，每处扣2分。未设置防护栏杆的，扣3分；设置不正确的，每处扣2分。未设置脚手板的，扣6分；未满铺的，扣2～4分。未按规定进行对接或搭接的，每处扣2分；出现探头板的，扣6分 | 6 | |
| 11 | 个人安全防护用品使用 | 未佩戴安全帽的，扣4分；佩戴不正确的，扣2分。高处悬空作业时未系安全带的，扣4分；系挂不正确的，扣2分 | 4 | |
| 12 | 扭力扳手的使用 | 不能正确使用扭力扳手测量扣件拧紧扭力矩的，扣4分 | 4 | |
| | | 合 计 | 60 | |

2. 本项目非技术部分考核占总评分的40%，计40分，评价标准见表4-2。

**双排钢管扣件式外脚手架搭设实训非技术考核表** **表4-2**

| | 序号 | 评价项目 | 评分值 | 得分 | 备注 |
|---|---|---|---|---|---|
| 工作评价 | 1 | 纪律态度 | 10 | | 实训学生严重违纪、违规，总成绩按“不及格”计 |
| | 2 | 工作效率 | 10 | | |
| | 3 | 团队协作 | 10 | | |
| | 4 | 安全、文明、环保 | 10 | | |
| 合 计 | | | 40 | | |

3. 本项目总评成绩见表4-3。

**项目总评考核** **表4-3**

| | 序号 | 评价项目 | 评分值 | 得分 |
|---|---|---|---|---|
| 项目总评 | 1 | 技术考核 | 60 | |
| | 2 | 非技术考核 | 40 | |
| | 3 | 总成绩 | 100 | |

# 第5章　钢 筋 工 实 训

## 5.1　接受实训任务与制订工作方案

### 5.1.1　项目概况

钢筋工实训是通过钢筋混凝土构件中双向楼板和框架梁钢筋的翻样、加工、绑扎与安装及验收等操作，让学生全面掌握钢筋工程的施工工艺、操作要点，以及质量标准和检验方法。实训中，重点掌握钢筋的下料计算，各种操作工具、检测仪器的使用方法，熟悉制图标准和规范要求。

实训指导教师结合实训指导内容完成其他钢筋混凝土构件中钢筋的操作训练。

### 5.1.2　项目工作流程

钢筋加工的一般步骤是：熟悉图纸和资料→钢筋翻样→填写钢筋配料单→钢筋加工→钢筋绑扎与安装→钢筋验收→成果资料归档。

### 5.1.3　工作准备

1. 掌握钢筋翻样、加工、绑扎与安装的基本理论和技能，以及钢筋验收的内容和质量标准。
2. 工作所需的人员、仪器、工具及消耗性材料。
3. 放样数据资料，记录、计算所需要的纸、笔、计算器等。

### 5.1.4　项目工作方案

每10人一组，每组完成规定钢筋实训操作内容，并交替完成质量检测与评定。

## 5.2　双向楼板钢筋操作

### 5.2.1　目的与要求

1. 掌握楼板钢筋结构图的识读，钢筋的放样计算的内容和要点；
2. 掌握钢筋工程的施工工艺和质量标准；
3. 培养学生团队协作能力，认真细致的工作作风，扎实的专业技能；
4. 按照规定的操作步骤完成如图 5-1 所示双向楼板钢筋的施工；
5. 实训操作结束后提交质量检验表和实习报告。

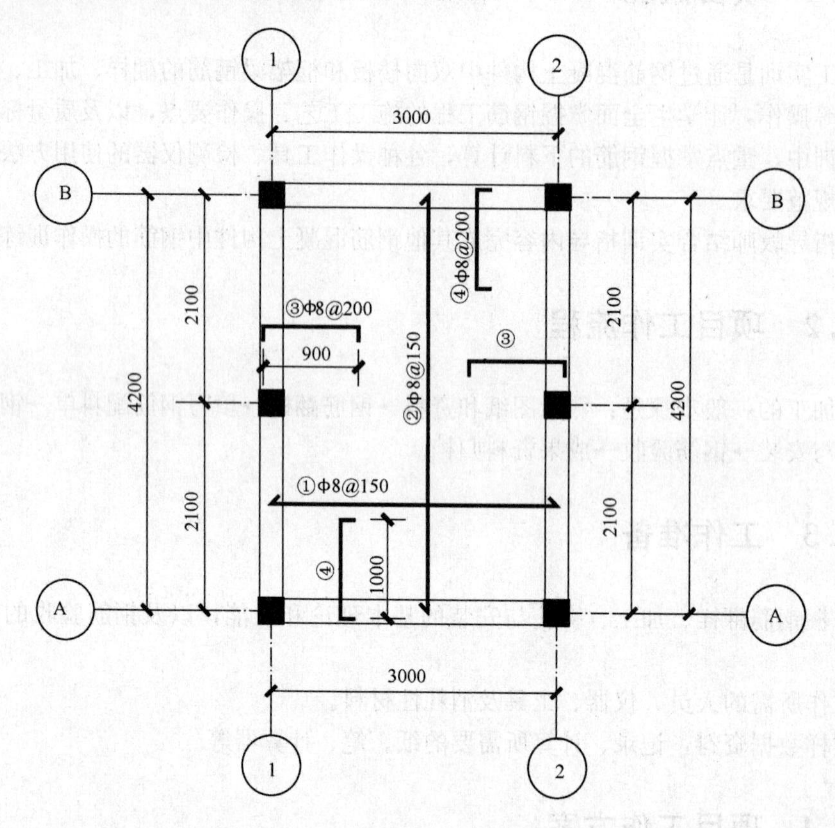


图 5-1　双向板配筋图

### 5.2.2　工具与计划

1. 工具：钢筋调直机 1 台、钢筋切断机 1 台、钢筋弯曲机 1 台、钢卷尺数把、钢筋钩数把、计算器数台、电焊机 1 台。

2. 计划：实训按小组安排，时间 2 天半，其中 1 天学习钢筋基础知识并完成钢筋的翻样，1 天半为小组完成钢筋加工、安装与绑扎，以及钢筋的验收工作。

### 5.2.3 要点与流程

一、工作要点

1. 基本理论的学习，原材料、设备、工具及辅助用品的准备。

2. 合理分组，协同工作。

3. 严格按规范要求检查和评价工作过程与结果。

二、实训流程（图 5-2）

（一）钢筋图的识读

钢筋混凝土构件配筋图阅读的一般方法如下：

（1）首先看图名、比例、必要的材料、施工等说明。

（2）根据所给图样读懂构件的形状、尺寸等。

（3）了解该构件使用的钢筋的等级品种、直径、根数和间距。

（4）了解该构件各部位的具体尺寸、保护层厚度等。

（二）钢筋翻样（抽筋）

根据钢筋结构图绘制钢筋简图，然后进行每根钢筋的下料长度计算。因弯曲或弯钩会使钢筋长度发生变化，因此在配料中不能直接根据图纸中的尺寸下料，必须先了解对混凝土保护层、钢筋弯曲、弯钩等的规定，再根据图中尺寸计算其下料长度。

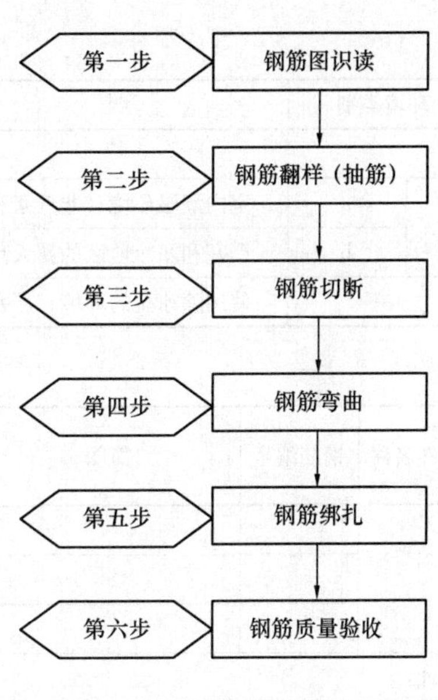


图 5-2 实训流程图

各种钢筋下料长度计算如下：

直钢筋下料长度＝构件长度－保护层厚度＋弯钩增加长度

弯起钢筋下料长度＝直段长度＋斜段长度－弯曲调整值＋弯钩增加长度

箍筋下料长度＝箍筋周长＋箍筋调整值

钢筋下料长度计算过程中用到的相关数据见表 5-1～表 5-4；计算结果填入表 5-5 中。

**钢筋弯曲调整值** **表 5-1**

| 钢筋弯曲角度 | 30° | 45° | 60° | 90° | 135° |
|---|---|---|---|---|---|
| 钢筋弯曲调整值 | 0.35$d$ | 0.5$d$ | 0.85$d$ | 2$d$ | 2.5$d$ |

**箍筋调整值**（mm） **表 5-2**

| 箍筋量度方法 | 箍筋直径 | | | |
|---|---|---|---|---|
| | 4～5 | 6 | 8 | 10～12 |
| 量外包尺寸 | 40 | 50 | 60 | 70 |
| 量内皮尺寸 | 80 | 100 | 120 | 150～170 |

**纵向受力钢筋的混凝土保护层最小厚度（mm）** **表 5-3**

| 环境类别 | | 板、墙、壳 | | | 梁 | | | 柱 | | |
|---|---|---|---|---|---|---|---|---|---|---|
| | | ≤C20 | C25～C45 | ≥C50 | ≤C20 | C25～C45 | ≥C50 | ≤C20 | C25～C45 | ≥C50 |
| 一 | | 20 | 15 | 15 | 30 | 25 | 25 | 30 | 30 | 30 |
| 二 | a | — | 20 | 20 | — | 30 | 30 | — | 30 | 30 |
| | b | — | 25 | 20 | — | 35 | 30 | — | 35 | 30 |
| 三 | | — | 30 | 25 | — | 40 | 35 | — | 40 | 35 |

注：基础中纵向受力钢筋的混凝土保护层厚度不应小于 40mm；当无垫层时不应小于 70mm。

**混凝土结构的环境类别** **表 5-4**

| 环境类别 | | 条　件 |
|---|---|---|
| 一 | | 室内正常环境 |
| 二 | a | 室内潮湿环境；非严寒和非寒冷地区的露天环境，与无侵蚀性的水或土壤直接接触的环境 |
| | b | 严寒和寒冷地区的露天环境，与无侵蚀性的水或土壤直接接触的环境 |
| 三 | | 使用除冰盐的环境；严寒和寒冷地区冬季水位变动的环境；滨海室外环境 |

**钢筋配料单** **表 5-5**

| 构件名称 | 钢筋编号 | 简图 | 直径（mm） | 钢号 | 下料长度（mm） | 单位根数 | 合计根数 | 重量（kg） |
|---|---|---|---|---|---|---|---|---|
| | | | | | | | | |
| | | | | | | | | |
| | | | | | | | | |
| 合计： | | | 总重： | | | | | |

（三）钢筋的切断

钢筋经调直后，即可按下料长度进行切断。钢筋切断前，应有计划地根据材料情况确定下料方案，确保钢筋的品种、规格、尺寸、外形符合设计要求。切断时，应精打细算，长料长用，短料短用，使下料的长度最短。切剩的短料可作为电焊接头的绑条或其他辅助短钢筋使用，力求减少钢筋的损耗。

1. 切断前的准备工作

钢筋切断前应做好以下准备工作，以求获得最佳的经济效果。

（1）复核：根据钢筋配料单，复核料牌上所标注的钢筋直径、尺寸、根数，检查是否正确。

（2）下料方案：根据工地的库存钢筋情况做好下料方案，长短搭配，尽量减少损耗。

（3）量度准确：避免使用短尺量长料，防止产生累计误差。

（4）试切钢筋：调试好切断设备，试切 1～2 根，尺寸无误后再成批加工。

2. 切断方法

钢筋切断方法分为手工切断与机械切断。

（1）手工切断：①断线钳又称剪线钳，有 450mm、600mm、750mm、900mm、1050mm 五种规格，常用 600mm 规格，剪直径 10mm 以下钢筋。②手压切断机是目前工地上常用的一种手动切断工具，可切断直径 16mm 以下的 HPB300 钢筋。操作时根据切断钢筋的直径来调整手柄的长度。

（2）机械切断：目前广泛采用的钢筋切断机为电动切断机，主要有 GJ5-40 和 QJ40-1 型两种，可切断直径 40mm 以下的钢筋，32 次/min。

3. 操作示范及注意事项

指导老师按操作规程做示范操作，需注意以下事项：

（1）钢筋切断前反复校核下料尺寸是否正确，划线要清晰，尽量用长尺分割。

（2）手工切断时若采用长盘作为控制切断尺寸的标准而大量切断钢筋，应经常检查断料尺寸是否正确，避免刀口和长盘间距发生位移，而引起断料尺寸错误。

（3）操作中要注意安全，防止发生事故。作业后，用钢刷清除切刀间的杂物，进行整机养护。

（4）批量切断钢筋时，应先切断长料，后切断短料，做好长短搭配。

（四）钢筋的弯曲加工

手工弯曲是工地上常采用的一种钢筋弯曲方法。手工弯曲具有设备简单、成形好等优点。

1. 准备工作

在弯曲钢筋前，应熟悉所加工钢筋的规格、形状和各部分尺寸，确定合理的弯曲操作步骤，准备必要的工具。特别是一些粗长钢筋，要确定合理的弯曲顺序，避免在弯曲时将钢筋反复调转，影响功效。

2. 画线

弯曲粗钢筋及形状较复杂的钢筋时，必须将钢筋的各段长度尺寸画在钢筋上。画线时应根据不同的弯曲角度扣除弯曲调整值（画弯曲钢筋分段尺寸时，在与弯曲操作方向相反的一侧长度内扣除弯曲调整值，画上分段尺寸线），即得弯曲点线。根据弯曲点线按规定方向将钢筋弯曲。

弯曲细钢筋时可不画线，在工作台上按各段要求钉上若干标志，这种做法的优点是功效高，弯曲形状正确。

3. 试弯

在进行成批量钢筋弯曲前，先将各种钢筋试弯一根，检查是否满足要求。经过必要的调整后，再进行弯曲。

4. 弯曲成形

（五）钢筋的绑扎

1. 绑扎步骤

弹线确定间距→摆筋→绑扎成形。

2. 操作注意事项

（1）板钢筋在楼板模板上进行。模板应平整且接缝严密。

（2）摆筋前，将钢筋的间距点划在模板的两段。

（3）摆筋时，应注意：板底纵横向钢筋的上下位置关系，并设置保护层；板顶负弯矩筋与分布筋的区分及其相互位置关系。

（4）绑扎完毕后，检查整体尺寸是否与模板尺寸相适应，间距尺寸也应符合要求。

（六）钢筋质量验收

钢筋工程属隐蔽工程，在浇筑混凝土前必须对钢筋进行严格验收，其验收的内容包括：

（1）纵向钢筋的品种、规格、数量、位置等；

（2）钢筋的连接方式、接头位置、接头数量、接头面积百分率；

（3）箍筋、横向钢筋的品种、规格、数量、间距等。

## 5.2.4 考核与评价

实训考核按分项考核方式进行，见表5-6～表5-9。

钢筋翻样（抽筋） 表5-6

| 序号 | 验收内容 | 得分 | 检验方法 | 检查结果 | 成绩 |
|---|---|---|---|---|---|
| 1 | 钢筋结构图识读能力 | 20 | 提问 | | |
| 2 | 钢筋简图绘制准确度 | 20 | 检查 | | |
| 3 | 钢筋下料长度计算 | 20 | 检查 | | |
| 4 | 编制钢筋配料单 | 10 | 检查 | | |
| 5 | 综合印象 | 30 | 观察、检查 | | |
| 6 | 合计 | 100 | — | — | |

钢 筋 加 工 表5-7

| 序号 | 验收内容 | 允许偏差（mm） | 得分 | 检验方法 | 检查结果 | 成绩 |
|---|---|---|---|---|---|---|
| 1 | 受力钢筋长度方向全长的净尺寸 | ±10 | 20 | 钢尺检查 | | |
| 2 | 弯起钢筋的弯折位置 | ±20 | 20 | 钢尺检查 | | |
| 3 | 箍筋内净尺寸 | ±5 | 10 | 钢尺检查 | | |
| 4 | 工完场清 | — | 20 | 查看 | | |
| 5 | 综合印象 | — | 30 | 观察、检查 | | |
| 6 | 合计 | — | 100 | — | — | |

钢 筋 安 装 表5-8

| 序号 | 验收内容 | 允许偏差（mm） | 得分 | 检验方法 | 检查结果 | 成绩 |
|---|---|---|---|---|---|---|
| 1 | 绑扎钢筋网长、宽 | ±10 | 10 | 钢尺检查 | | |
| 2 | 绑扎钢筋网网眼尺寸 | ±20 | 10 | 钢尺量连续三档，取最大值 | | |
| 3 | 绑扎钢筋骨架长 | ±10 | 10 | 钢尺检查 | | |
| 4 | 绑扎钢筋骨架宽、高 | ±5 | 10 | 钢尺检查 | | |
| 5 | 受力钢筋间距 | ±10 | 10 | 钢尺量两端中间各一点， | | |
| 6 | 受力钢筋排距 | ±5 | 10 | 取最大值 | | |
| 7 | 柱、梁钢筋保护层 | ±5 | 10 | 钢尺检查 | | |
| 8 | 绑扎箍筋、横向钢筋间距 | ±20 | 10 | 钢尺量连续三档，取最大值 | | |
| 9 | 钢筋弯起点位置 | 20 | 10 | 钢尺检查 | | |

续表

| 序号 | 验收内容 | 允许偏差（mm） | 得分 | 检验方法 | 检查结果 | 成绩 |
|---|---|---|---|---|---|---|
| 10 | 工完场清 | — | 5 | 查看 | | |
| 11 | 综合印象 | — | 5 | 观察、检查 | | |
| 12 | 合计 | — | 100 | — | — | |

**项目总评考核表** **表 5-9**

| | 序号 | 评价项目 | 分值 | 权重 | 得分 |
|---|---|---|---|---|---|
| 项目总评 | 1 | 钢筋翻样（抽筋） | 100 | 0.4 | |
| | 2 | 钢筋加工 | 100 | 0.3 | |
| | 3 | 钢筋安装 | 100 | 0.3 | |
| 总 分 | | | | | |

### 5.2.5 规范与依据

《混凝土结构工程施工质量验收规范》GB 50204—2002（2011 版）

## 5.3 梁钢筋加工与绑扎

### 5.3.1 目的与要求

1. 掌握梁钢筋结构图的识读，钢筋的放样计算的内容和要点；
2. 掌握钢筋工程的施工工艺和质量标准；
3. 培养学生团队协作能力，认真细致的工作作风，扎实的专业技能；
4. 按照规定的操作步骤完成如图 5-3 所示梁钢筋的施工；
5. 实训操作完成后提交质量检验表和实习报告。

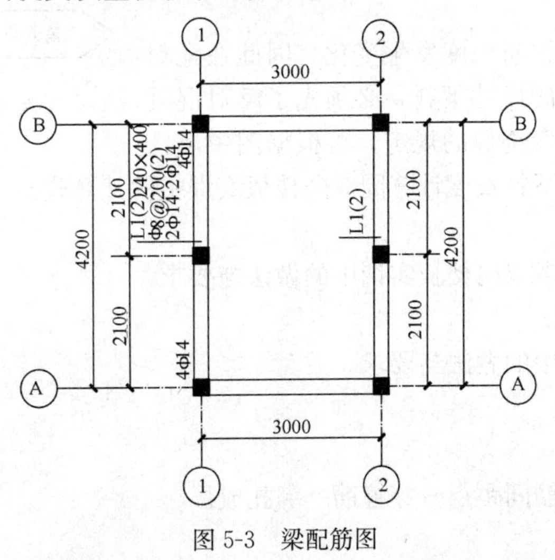


图 5-3 梁配筋图

## 5.3.2 工具与计划

1. 工具：钢筋调直机 1 台、钢筋切断机 1 台、钢筋弯曲机 1 台、钢卷尺数把、钢筋钩数把、计算器数台、电焊机 1 台。

2. 计划：实训按小组安排，时间 2 天，其中 1 天为学习钢筋基础知识及完成钢筋的翻样，1 天为小组完成钢筋加工、安装与绑扎，以及钢筋的验收工作。

## 5.3.3 要点与流程

一、工作要点

1. 基本理论的学习，原材料、设备、工具及辅助用品的准备。

2. 合理分组，协同工作。

3. 严格按规范要求检查和评价工作过程与结果。

二、实训流程（图 5-4）

1. 钢筋图的识读

梁集中标注的内容包括 5 项必注值及 1 项选注值，规定如下：

（1）梁的编号，必注值。

（2）截面尺寸，必注值。

（3）梁箍筋包括钢筋种类、级别、直径、加密区与非加密区间距及肢数，必注值。

（4）梁上部通长筋或架立筋配置，必注值。

（5）梁侧面纵向构造钢筋或受扭钢筋配置，必注值。

（6）梁顶面标高高差，选注值。

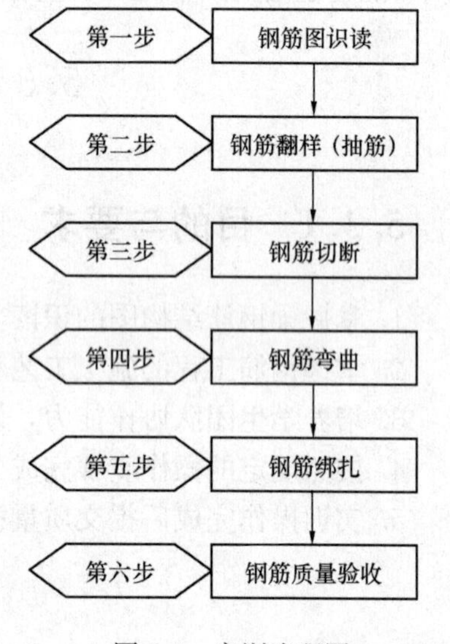


图 5-4 实训流程图

2. 下料长度计算

因弯曲或弯钩会使钢筋长度发生变化，因此在配料中不能直接根据图纸中的尺寸下料，必须先了解对混凝土保护层、钢筋弯曲、弯钩等的规定，再根据图中尺计算其下料长度。钢筋的下料长度计算同双向楼板实训中的计算式。

3. 钢筋的切断

此处钢筋切断可参考双向楼板实训中的做法与要求。

4. 钢筋的弯曲加工

参考双向楼板实训中的做法与要求。

5. 钢筋的绑扎

（1）绑扎步骤

支设绑扎架→划钢筋间距点→穿箍筋→绑扎成形

（2）操作注意事项

1）简支梁钢筋在马凳式绑扎架上进行。

2）绑扎时，将纵向钢筋的间距点划在两端绑扎架的横杆上，将横向联合钢筋的间距点划在两侧的纵向钢筋上。

3）梁箍筋弯钩叠合处，应交错布置在两根架立钢筋上。建议采用双丝双十字花扣法绑扎成形。绑扎铅丝头应弯向受压区，不应弯向保护层。

4）绑扎完毕后，检查整体尺寸是否与模板尺寸相适应，间距尺寸也应符合要求。

### 5.3.4 考核与评价

详见表5-10～表5-13。

**钢筋翻样（抽筋）** **表5-10**

| 序号 | 验收内容 | 得分 | 检验方法 | 检查结果 | 成绩 |
|---|---|---|---|---|---|
| 1 | 钢筋结构图识读能力 | 20 | 提问 | | |
| 2 | 钢筋简图绘制准确度 | 20 | 检查 | | |
| 3 | 钢筋下料长度计算 | 20 | 检查 | | |
| 4 | 编制钢筋配料单 | 10 | 检查 | | |
| 5 | 综合印象 | 30 | 观察、检查 | | |
| 6 | 合计 | 100 | — | — | |

**钢 筋 加 工** **表5-11**

| 序号 | 验收内容 | 允许偏差（mm） | 得分 | 检验方法 | 检查结果 | 成绩 |
|---|---|---|---|---|---|---|
| 1 | 受力钢筋长度方向全长的净尺寸 | ±10 | 20 | 钢尺检查 | | |
| 2 | 弯起钢筋的弯折位置 | ±20 | 20 | 钢尺检查 | | |
| 3 | 箍筋内净尺寸 | ±5 | 10 | 钢尺检查 | | |
| 4 | 工完场清 | — | 20 | 查看 | | |
| 5 | 综合印象 | — | 30 | 观察、检查 | | |
| 6 | 合计 | — | 100 | — | — | |

**钢 筋 安 装** **表5-12**

| 序号 | 验收内容 | 允许偏差（mm） | 得分 | 检验方法 | 检查结果 | 成绩 |
|---|---|---|---|---|---|---|
| 1 | 绑扎钢筋网长、宽 | ±10 | 10 | 钢尺检查 | | |
| 2 | 绑扎钢筋网网眼尺寸 | ±20 | 10 | 钢尺量连续三档，取最大值 | | |
| 3 | 绑扎钢筋骨架长 | ±10 | 10 | 钢尺检查 | | |
| 4 | 绑扎钢筋骨架宽、高 | ±5 | 10 | 钢尺检查 | | |
| 5 | 受力钢筋间距 | ±10 | 10 | 钢尺量两端中间各一点，取最大值 | | |
| 6 | 受力钢筋排距 | ±5 | 10 | | | |
| 7 | 柱、梁钢筋保护层 | ±5 | 10 | 钢尺检查 | | |

续表

| 序号 | 验收内容 | 允许偏差（mm） | 得分 | 检验方法 | 检查结果 | 成绩 |
|---|---|---|---|---|---|---|
| 8 | 绑扎箍筋、横向钢筋间距 | ±20 | 10 | 钢尺量连续三档，取最大值 | | |
| 9 | 钢筋弯起点位置 | 20 | 10 | 钢尺检查 | | |
| 10 | 工完场清 | — | 5 | 查看 | | |
| 11 | 综合印象 | — | 5 | 观察、检查 | | |
| 12 | 合计 | — | 100 | — | — | |

**项目总评考核表** **表 5-13**

| | 序号 | 评价项目 | 分值 | 权重 | 得分 |
|---|---|---|---|---|---|
| 项目总评 | 1 | 钢筋翻样（抽筋） | 100 | 0.4 | |
| | 2 | 钢筋加工 | 100 | 0.3 | |
| | 3 | 钢筋安装 | 100 | 0.3 | |
| 总　分 | | | | | |

## 5.3.5 规范与依据

《混凝土结构工程施工质量验收规范》GB 50204—2002（2011 版）

# 第6章 内墙面抹灰实训

## 6.1 接受实训任务与制订工作方案

### 6.1.1 项目概况及要求

某建筑工程的主体结构施工已经完成，其工程平面、立面图如图6-1所示。该建筑墙面为240mm厚实心黏土砖墙，内墙面需要做M5混合砂浆普通抹灰。

要求根据该墙面施工图，完成墙面抹灰的基层处理、洒水润湿、做灰饼、设置标筋、做阳角护角、抹底层灰、抹中层灰、抹罩面灰、清理现场和质量检验等工作。

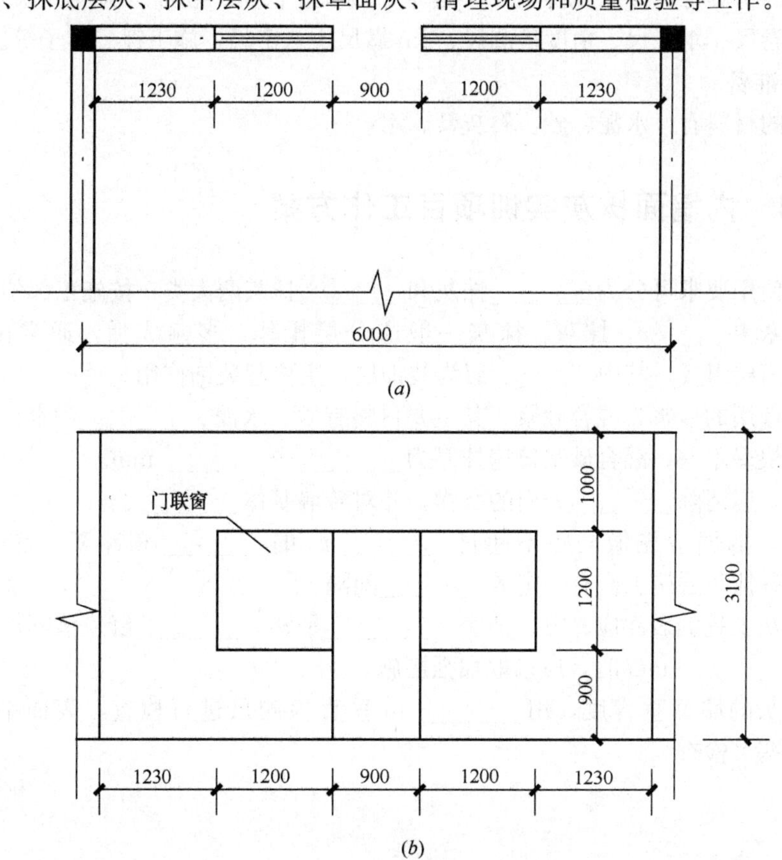


图6-1 某建筑工程平面、立面图

(a) 平面图；(b) 立面图

## 6.1.2 项目分析和工作流程

墙面抹灰主要包括内墙面抹灰、外墙面抹灰和细部抹灰。其中内墙面抹灰和外墙面抹灰施工工艺基本相同，主要区别在于抹灰砂浆的材料构成和砂浆的强度等级不同。本项目从有利于实训组织出发，仅要求完成规定区域内墙面抹灰。其工作流程如下：

基层处理→浇水润湿→设置灰饼和冲筋→做阳角护角→抹底层灰→抹中层灰→抹面层灰→浇水养护→质量检验

## 6.1.3 项目准备

1. 知识准备

实施本实训项目前，学生需要掌握砌体工程施工、抹灰工程施工有关安全施工的要求，并掌握砂浆的配制技术。

2. 工具准备

需准备的机具有：砂浆搅拌机、手推车、锄头、铁铲、胶桶、刮尺、抹夯、铁抹子、托线板、钢卷尺、水平尺、角度检测尺、2m 靠尺、八字尺、施工锤、錾子等。

3. 材料准备

需准备的材料有：水泥、砂、石灰膏、水。

## 6.1.4 内墙面抹灰实训项目工作方案

抹灰按使用要求可分为________抹灰和________抹灰两大类，按施工部位不同可分为________抹灰和________抹灰。抹灰一般应分层操作，多遍成活，通常由________、________和面层组成，其中________层为装饰层，主要起装饰作用。

本工程选用的砂浆为混合砂浆，其主要材料有砂、水泥、________和水。为防止内外抹灰层收水快慢不一，混合砂浆每遍抹厚为________～________mm。

抹灰前，应清除________表面的杂物，并对砖墙基体________。

抹灰时，墙面应先做间距不超过________m 的________和冲筋，室内阳角应做________，各抹灰层施工应有一定的________间隔。

一般抹灰工程的表面应光滑、洁净、________平整，________缝应清晰。抹灰层厚度大于或等于________mm 时，应采取加强措施。

一般抹灰的墙面垂直度，用________m 垂直检测尺进行检查，表面平整度用 2m________和塞尺检查。

## 6.2 内 墙 面 抹 灰

### 6.2.1 目的与要求

1. 目的

通过对设定抹灰项目的实施，掌握一般抹灰的施工要求、工艺及质量检验标准和方法。

2. 要求

实训人员在实训中同步练习砂浆配制技术，反复练习基本操作，在了解全部施工工艺后完成实训任务，最后对照施工规范检验施工质量，分析存在问题的原因，并在重复实训中解决存在问题，逐步提高抹灰技能。

### 6.2.2 工具与计划

1. 工具、材料

(1) 工具

一般抹灰施工需要的工具包括砂浆搅拌机、手推车、锄头、铁铲、胶桶、刮尺、抹夯、铁抹子、托线板、钢卷尺、水平尺、角度检测尺、3m 靠尺、施工锤、錾子等，实训开始前应提前准备。

(2) 材料

因本项目抹灰施工要求使用混合砂浆，所以需要的材料有水泥、砂、水和石灰膏。现选用 42.5 级普通硅酸盐水泥，其凝结时间和安定性的复验必须合格；选用中砂为基层和中层抹灰砂浆骨料，细砂为抹压罩面灰时的砂浆骨料，要求颗粒坚硬洁净，且使用前需过筛，含泥量不超过 3%，不得含有杂物、碱质或其他有机物；石灰膏的熟化期不应少于 15 天，罩面用的磨细石灰粉的熟化期不应少于 3 天。

实训前，应按图纸计算各种材料用量，然后依据所计算材料用量进行领用，不得浪费材料。

2. 计划

本项目以实训小组为单位组织，小组成员 3～4 人为宜，成员间分工协作，轮流进行砂浆制备、抹灰操作、安全瞭望与质量控制等工作，现场实训时间按分层抹灰间隔时间要求，以 3 天为一个实训周期，可以重复实训，直至较为熟练地掌握抹灰技能。

抹灰工作量可按学生实训情况做适当调整。

### 6.2.3 要点与流程

1. 实训要点

(1) 准备：项目实施准备应充分，不遗漏、短缺工具和材料，实训小组间应有一定安全间隔，明确实训目的和人员职责、成果质量要求等。

（2）实施：砖墙面应先清理干净、浇水湿润，砂浆制备的质量和数量符合要求；抹灰应先在墙面做灰饼和冲筋，阴阳角找方、大面抹灰等按质量标准逐项实施，过程中随时检查和控制质量。

（3）质量检验：质量检验是实训学生检查工作质量、查找存在问题的关键环节。通过学生自检、互检，指导教师点评等方式可以使学生较快掌握抹灰施工。

2. 实训流程

（1）项目实施前的检查工作

1）主体结构和水电设备安装等工作是否完成；

2）预留门窗洞口尺寸、标高和位置是否准确；

3）墙面上的脚手眼、敷设管线槽口等是否修补或处理；

4）基层表面的平整度、垂直度是否符合要求。

（2）基层处理，浇水润湿

为了保证抹灰层与基层粘结牢固，需要对基层作如下处理：

1）对砖石砌体部分，需要清除其表面的尘土、污垢等。

2）对混凝土部分，需切除其外露钢筋头，并将其松散部位凿除后用 1∶3 水泥砂浆分层补填密实；同时对混凝土表面进行凿毛处理或将 1∶1 的水泥浆（掺水重 20%的胶凝剂）均匀的涂到混凝土面上。

3）抹灰前 24h，自上而下对墙面进行浇水润湿。

（3）找规矩，做灰饼，设置标筋

找规矩的目的是保证房间墙面的尺寸及角度符合规范要求，做灰饼的目的是控制墙面抹灰的垂直度、平整度及厚度，如图 6-2 所示。

图 6-2 做灰饼设标筋示意图

1）找规矩。用托线板检查墙面的平整度、垂直度，再以其中一道墙面为基准，按最薄处的抹灰厚度不小于 7mm 的要求来确定抹灰层的厚度，然后用角尺将房间找规矩后弹基准线。

2）做灰饼。灰饼宜用 1∶3 水泥砂浆抹成 50mm×50mm 的方形。先在距顶棚约 200mm 处的墙面两端分别做上灰饼；再以其为基准，吊线在距地面约 200mm 处做下灰饼；然后对上下灰饼分别拉通线，按约 1.5m 的间距做灰饼进行加密。

3）设置标筋，也称为冲筋。当灰饼达到七成干时即可在上下灰饼之间进行加密。标筋要求比灰饼凸出 5～10mm，之后用刮尺紧贴灰饼反复搓刮，直至齐平灰饼；然后将灰条切成与墙面呈 45°～60°的斜面。

4）当墙面小于 3.5m 时可只做立筋；当墙面大于 3.5m 时须做横筋，其间距不宜大于 2m。

（4）做阳角护角

在墙面抹灰前，墙、柱面和门洞自地面以上 2m 的阳角应用 1∶2 水泥砂浆做护角。首先在其阳角处浇水润湿，再将阳角用方尺规方（墙柱面：以灰饼为准；门洞口：以门框离墙面的厚度为准）；然后按以下步骤操作：

1）在阳角一侧靠上八字尺，按抹灰要求厚度在另一侧抹水泥砂浆，待灰浆稍干后将八字尺移到阳角已抹灰一侧（八字坡向外），并用钢筋卡稳，吊垂线校正，再抹砂浆，抹完后撤掉八字尺，做法如图 6-3 所示。

2）将护角两侧 50mm 内多余砂浆沿墙面呈 45°角切齐，如图 6-3 所示。

3）在护角尖角处涂刷素水泥浆，用捋角器自上而下捋成小圆角。

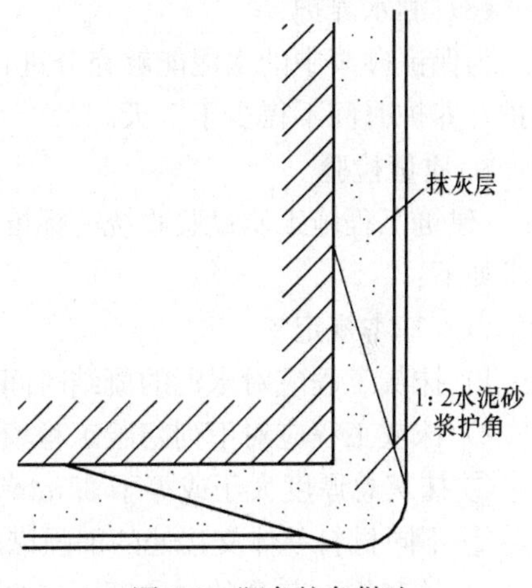

图 6-3　阳角护角做法

（5）抹底层、中层灰

1）抹底层灰。抹灰前一天将基层表面浇水润湿，在冲筋达到一定强度，刮尺操作不致损坏时即可抹底层灰。底层灰的操作包括装档、挂杆和搓平。先抹上薄薄的一层，使砂浆牢固地嵌入砖缝内；接着按 7～9mm 的厚度分层抹灰，待抹平标筋面后再用刮尺自上而下在两标筋之间进行刮灰，并去高补低，使底层灰略低于标筋面，然后再用木抹子搓平。

2）抹中层灰。待底层灰达到 7 成～8 成干时（用手指按压已不软，但有指印），才可抹中层灰。一般采取自上而下、自左向右的顺序进行涂抹，待抹到略高于标筋后，用木杆按标筋刮平。操作时用力要均匀，手腕要灵活，并使木杆前进端略翘，不平处随即补抹平整。

3）当层高小于 3.2m 时，一般自下往上抹，先抹下步架，再抹上步架，同时用木杆紧贴下面抹好的砂浆作为刮平上步架抹灰的依据，而不需抹标筋；当层高大于 3.2m 时，一般自上而下抹灰。

（6）抹罩面灰

1）面层灰也称为罩面灰。一般室内墙面常用纸筋石灰、麻刀石灰、石灰砂浆、水泥砂浆等做罩面灰。

2）当中层灰干至 7 成～8 成后，即可抹罩面灰。如中层灰过于干时应洒水润湿，罩面灰两遍成活。

3）如果底层灰太湿，会影响抹灰面平整，还可能“咬色”；但底层灰太干，则易使面层脱水太快而影响粘结，造成面层空鼓。

4）抹罩面灰时最好两人同时配合进行，一人从左到右先竖向薄薄地抹一遍，抹子要放陡些，相邻接槎要刮严；随即另一人先上后下再横向抹一遍，并随手压平溜光。

5）抹压时要掌握火候，避免出现水纹，压好后随即用软毛刷蘸水轻刷一遍，以保证罩面灰的颜色一致，避免和减少收缩干裂。

（7）抹细部

1）窗台护角。在窗台的内侧反粘八字尺，抹窗台外侧砂架，用抹子捋一遍水光后，将八字尺取下刮净，贴在抹好的口角处，利用线锤吊直并用钢筋卡子夹牢，将另一面抹好，最后用阳角抹子捋直捋光。

2）窗台抹灰。先抹窗台平面，用铁抹子压光，取下八字尺贴在已抹好的台面上，再抹窗台的里侧，抹好后，用阳角尺抹子捋直捋光。

3）滴水线抹灰。先将外窗框抹好，再在窗框里侧粘贴压条，用钢筋夹子固定牢固后进行内侧抹灰，最后用木抹子搓平，用铁抹子压光，待收浆后取出压条。

（8）洒水养护

为保证砂浆中的水泥能够充分进行水化反应，抹灰工程完工12h后，应及时进行浇水养护，养护时间不得少于7天。

3. 质量检验

《建筑工程施工质量验收统一标准》GB 50300—2013有关抹灰工程质量检验和验收的要求如下：

（1）基本规定

1）抹灰工程应对水泥的凝结时间和安定性进行复验。

2）抹灰工程应对下列隐蔽工程项目进行验收：

① 抹灰总厚度大于或等于35mm时的加强措施。

② 不同材料基体交接处的加强措施。

3）抹灰用石灰膏的熟化期不应少于15d；罩面用的磨细石灰粉的熟化期不应少于3d。

4）室内墙面、柱面和门洞口的阳角做法应符合设计要求。设计无要求时，应采用1∶2水泥砂浆做暗护角，其高度不应低于2m，每侧宽度不应小于50mm。

5）当要求抹灰层具有防水、防潮功能时，应采用防水砂浆。

6）各种砂浆抹灰层，在凝结前应防止快干、水冲、撞击、振动和受冻，在凝结后应采取措施防止沾污和损坏。水泥砂浆抹灰层应在湿润条件下养护。

（2）主控项目

1）抹灰前基层表面的灰尘、污垢、油渍等应清理干净，并洒水润湿。

2）一般抹灰所用材料的品种和性能应符合设计要求。砂浆配合比应符合设计要求。

3）抹灰工程应分层进行。当抹灰总厚度大于或等于35mm时，应采取加强措施。不同材料基体交接处的表面抹灰，应采取防止开裂的加强措施，当采用加强网时，加强网与基体的搭接宽度不应小于100mm。

4）抹灰层与基层之间以及个抹灰层之间必须粘结牢固，抹灰层应无脱层、空鼓，面层应无爆灰和裂缝。

（3）一般项目

1）一般抹灰工程的表面质量应符合下列规定：

① 普通抹灰表面应光滑、洁净、接槎平整，分格缝应清晰。

② 高级抹灰表面应光滑、洁净、颜色均匀、无抹纹，分格缝和灰线应清晰美观。

2）护角、孔洞、槽、盒周围的抹灰表面应整齐光滑；管道后面的抹灰表面应平整。

3）抹灰层的总厚度应符合设计要求；水泥砂浆不得抹在石灰砂浆层上；罩面石膏灰不得抹在水泥砂浆层上。

4）抹灰分格缝的设置应符合设计要求，宽度和厚度应均匀，表面应光滑，棱角应整齐。

5）有排水要求的部位应做滴水线（槽）。滴水线（槽）应整齐顺直，滴水线应内高外低，滴水槽的宽度和深度均不应小于10mm。

6）一般抹灰工程质量的允许偏差和检验方法应符合表6-1的规定。

**一般抹灰的允许偏差和检验方法** **表6-1**

| 序号 | 项　目 | 允许偏差（mm） | | 检验方法 |
|---|---|---|---|---|
| | | 普通抹灰 | 高级抹灰 | |
| 1 | 立面垂直度 | 4 | 3 | 用2m垂直检测尺检查 |
| 2 | 表面平整度 | 4 | 3 | 用2m靠尺和塞尺检查 |
| 3 | 阴阳角方正 | 4 | 3 | 用直角检测尺检查 |
| 4 | 分格条（缝）直线度 | 4 | 3 | 拉施工线，用钢卷尺检查 |
| 5 | 墙裙、勒角上口直线度 | 4 | 3 | 拉施工线，用钢卷尺检查 |

注：1. 普通抹灰，本表第3项阴角方正可不检查；
2. 顶棚抹灰，本表第2项表面平整度可不检查，但应平顺。

## 6.2.4 考核与评价

本项目成绩考核，分为技能评价和实训管理评价，见表6-2、表6-3。个人最终成绩评定内容及分值详见表6-4。

**实训技能考核评价表** **表6-2**

| 考核项目 | 序号 | 项　目 | 允许偏差（mm） | 检验方法 | 评分标准 | 满分 | 得分 |
|---|---|---|---|---|---|---|---|
| 技能评价 | 1 | 立面垂直度 | 4 | 用2m垂直检测尺检查 | 大于4mm不得分 | 20 | |
| | 2 | 表面平整度 | 4 | 用2m靠尺和塞尺检查 | 大于4mm不得分，超限每处扣1分，3处以上不得分 | 20 | |
| | 3 | 阴阳角方正 | 4 | 用直角检测尺检查 | 大于4mm不得分，每处扣1分，3处以上不得分 | 20 | |
| | 4 | 分格条（缝）直线度 | 4 | 拉施工线，用钢卷尺检查 | 大于4mm不得分，每处扣1分，3处以上不得分 | 20 | |
| | 5 | 墙裙、勒角上口直线度 | 4 | 拉施工线，用钢卷尺检查 | 大于4mm不得分，每处扣1分，3处以上不得分 | 20 | |
| | 合　计 | | | | | 100 | |

实训管理考核评价表　　表 6-3

| 考核项目 | 序号 | 项　目 | 满　分 | 得　分 |
| --- | --- | --- | --- | --- |
| 实训管理考核 | 1 | 考勤和实训纪律、执行操作规程等 | 50 | |
| | 2 | 实训准备、安全文明施工、成果资料等 | 50 | |
| 合　计 | | | | |

实训个人成绩考核评价表　　表 6-4

| | 序号 | 评价项目 | 评分值 | 权重 | 得　分 |
| --- | --- | --- | --- | --- | --- |
| 项目总评 | 1 | 技能考核 | 100 | 0.7 | |
| | 2 | 实训管理考核 | 100 | 0.3 | |
| 总　分 | | | | | |

注：实训单位有违规操作或违纪等行为，视情节扣减成绩，造成严重后果的，责任主体成绩评定为不合格。

## 6.2.5 规范与依据

1.《建筑工程施工质量验收统一标准》GB 50300—2013

2. 抹灰工安全操作规程

（1）室内抹灰使用的木凳、金属支架应搭设平稳牢固，脚手板跨度不得大于 2m，架上堆放材料不得过于集中，在同一跨内不应超过 2 人。

（2）不准在门窗、暖气片、洗脸池等器物上搭设脚手板；阳台部位粉刷，外檐必须挂设安全网；严禁踩踏脚手架的护栏或站在阳台栏板上进行操作。

（3）使用磨石机应戴绝缘手套、穿绝缘鞋，电源线不得破皮漏电，经试运转正常，方可操作。

（4）供外檐抹灰人员使用的脚手板应铺满、铺平、铺严、无探头板。翻板由架子工操作，抹灰工自行翻板时应拴好安全带，拉结点不准随意拆除。

# 第 7 章　饰面砖粘贴实训

## 7.1　接受实训任务与制订工作方案

### 7.1.1　项目概况及要求

某建筑内墙面已完成底层抹灰施工，面层设计为粘贴陶瓷瓷砖，如图 7-1 所示，要求完成图示范围内墙面、柱面瓷砖粘贴，并检验质量。

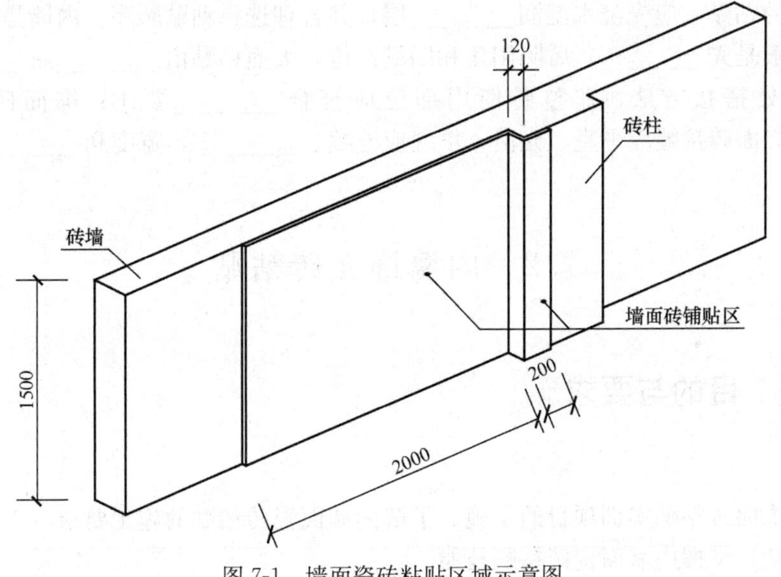


图 7-1　墙面瓷砖粘贴区域示意图

### 7.1.2　项目工作流程

饰面砖粘贴施工主要工作流程为：基层处理→浇水润湿→抹底灰→预排砖→弹控制线→选砖浸砖→做标志→粘贴面砖→勾缝养护→质量检验。

### 7.1.3　工作准备

1. 知识准备

实训人员应掌握砂浆配制、墙面抹灰等基本技能和切割机等工具的操作技能，了解饰面砖质量验收要点。

2. 工具准备

饰面砖粘贴施工需要的设备和工具有：砂浆搅拌机、手推车、锄头、铁铲、胶桶、刮尺、抹夯、铁抹子、托线板、钢卷尺、水平尺、角度检测尺、3m 靠尺、施工锤、錾子、橡胶锤、尼龙线、切割机等。

3. 材料准备

实训需要准备的材料有水泥、砂、瓷砖等。

### 7.1.4 项目工作方案

饰面砖粘贴工程适用于内墙饰面砖粘贴工程和高度不大于________m，抗震设防烈度不大于________度的外墙面装饰。

粘贴饰面砖的基层必须平整且表面________。找平层常用 1：________水泥砂浆，打毛后养护________～________d。

饰面砖粘贴前应预排并设________块（灰饼），其间距为________～________m。

饰面砖的粘贴，应先浇水湿润________层，并合理选择粘贴顺序。内墙是饰面砖的粘贴顺序，一般是先________，后阴阳角和凹槽部位，大面粘贴由________而________。

阴阳角处搭接方法、非整砖使用部位应符合________要求；饰面砖粘贴必须________；饰面砖接缝应平直、光滑，填缝应连续、________，宽度和________应符合设计要求。

## 7.2 内墙饰面砖粘贴

### 7.2.1 目的与要求

1. 目的

通过对饰面砖粘贴实训项目的实施，了解内墙面瓷砖粘贴的施工要求、工艺、质量检验标准和方法，掌握内墙面瓷砖粘贴技能。

2. 要求

（1）实训人员通过实训准备工作，制定机具和材料使用计划、施工操作和质量检验方案，并在实践中检验准备工作的质量。

（2）实训人员应通过反复训练，掌握内墙面砖粘贴施工技能。在实训完成后提交质量检验资料。

### 7.2.2 工具与计划

1. 工具

饰面砖粘贴施工需要的机具包括砂浆搅拌机、切割机、手推车、锄头、铁铲、胶桶、刮尺、抹夯、铁抹子、托线板、钢卷尺、水平尺、角度检测尺、3m 靠尺、施工锤、錾子、橡胶锤、尼龙线等，应提前准备。

2. 材料

本项目所需材料有：42.5 级普通硅酸盐水泥、200×350mm 瓷砖、中砂等。先按图纸计算各种材料用量，然后根据计算结果领用材料。

3. 计划

本项目是以实训小组为单位组织，小组成员 3～4 人，成员间分工协作，轮流进行砂浆的拌制和墙、柱面瓷砖粘贴以及质量控制等工作，现场实训时间以 1 天为一个实训周期，可以重复实训，直至较熟练地掌握瓷砖粘贴技能。

瓷砖粘贴工作量可按学生实训情况做适当调整。

### 7.2.3 要点与流程

1. 实训要点

(1) 准备。项目实施准备应充分，不遗漏、短缺工具和材料，实训小组间应有一定安全间隔，明确实训目的和人员职责、成果质量要求等。

(2) 实施。饰面砖粘贴施工应遵循选砖、基层清理并找平、预排并设标志块、擦缝、勾缝的工艺顺序。在每一道工序完成后检查其质量，合格后方可进行下道工序施工。

(3) 质量检验。质量检验是实训学生检查工作质量、查找存在问题的关键环节。通过学生自检、互检，指导教师点评等方式可以使学生较快掌握墙面瓷砖粘贴施工技术。

2. 实训流程

(1) 项目实施前的准备工作

1) 实训组织、基本知识、机具和材料、安全防护用品等应在实训前准备到位。

2) 检查墙体施工条件，墙体及底层抹灰不符合施工要求的应当先处理至符合要求。

(2) 选砖浸砖

饰面砖粘贴以前，需要对所有饰面砖进行开箱检查，检查的目的是将颜色和规格尺寸有瑕疵的饰面砖挑选出来，以保证饰面砖粘贴工程质量符合规范要求。经挑选合格的饰面砖，将其放入水中浸泡，浸泡时间以饰面砖不再冒水泡为止。

(3) 基层清理并找平。粘贴饰面砖的基层，表面必须平整且粗糙，抹 7～10mm 厚的 1∶3 水泥砂浆，打毛后养护 2～3d（本项目中基层抹灰施工已完成，但需要清理其表面）。

(4) 预排饰面砖、设立标志块（灰饼）。饰面砖粘贴前应找好规矩，按块材实际尺寸弹出纵横向控制线，定出水平标准和皮数，其中，非整砖适用部位、阴阳角处搭接方式等应符合设计要求。标志块的间距为 1.5～1.6m，以便于控制贴砖质量和施工操作为依据。

(5) 饰面砖粘贴。饰面砖粘贴应先浇水湿润找平层，选择粘贴顺序。内墙面砖一般先粘贴大面，后阴阳角和凹槽部位，大面粘贴由下而上。饰面砖粘贴时，在最下面一皮砖下侧，根据弹线稳好平尺板，在已湿润并阴干的饰面板背面满刮粘结浆，上墙后用力按压，并用橡皮锤轻轻敲击，使其粘结密实牢固。贴完一层后，要及时检查饰面砖的平整度和上口的垂直度并作调整，使整个饰面砖面层横平竖直，接缝平直。

(6) 擦缝和勾缝。勾缝可以在粘贴结束后接着进行。一般情况采用 42.5 号白色素水泥浆，用毛刷蘸水泥浆进行擦缝，也可以用油灰刀刮缝。勾缝结束及时用干净的湿毛巾把饰面砖表面擦洗干净。

(7) 洒水养护。为保证砂浆中的水泥能够充分进行水化反应，饰面砖粘贴工程完工12h后，应及时进行浇水养护，养护时间不得少于7d。

(8) 质量检查。

饰面砖粘贴的质量要求主要有：

1) 满粘法施工的饰面砖工程应无空鼓、裂缝；

2) 饰面砖表面应平整、洁净、色泽一致，无裂痕和缺损；

3) 饰面砖接缝应平直、光滑，填嵌应连续、密实；宽度和深度应符合设计要求；

4) 滴水线（槽）应顺直，流水坡正确，坡度符合设计要求。

3. 质量检验。内墙饰面砖粘贴的允许偏差和检验方法应符合表7-1的规定。

**内墙饰面砖粘贴的允许偏差和检验方法** **表7-1**

| 序号 | 项　目 | 允许偏差（mm） | 检 验 方 法 |
|---|---|---|---|
| 1 | 立面垂直度 | 2 | 用2m垂直检测尺检查 |
| 2 | 表面平整度 | 3 | 用2m靠尺和塞尺检查 |
| 3 | 阴阳角方正 | 3 | 用直角检测尺检查 |
| 4 | 接缝直线度 | 2 | 拉施工线，用钢卷尺检查 |
| 5 | 接缝高低差 | 0.5 | 用钢卷尺和塞尺检查 |
| 6 | 接缝宽度 | 1 | 用钢卷尺查 |

## 7.2.4 考核与评价

本项目成绩考核，分为技能评价和实训管理评价，见表7-2、表7-3。个人最终成绩评定内容及分值详见表7-4。

**实训技能考核评价表** **表7-2**

| 考核项目 | 序号 | 项　目 | 允许偏差（mm） | 检 验 方 法 | 评分标准 | 满分 | 得分 |
|---|---|---|---|---|---|---|---|
| 技能评价 | 1 | 立面垂直度 | 2 | 用2m垂直检测尺检查 | 大于2mm不得分 | 20 | |
| | 2 | 表面平整度 | 3 | 用2m靠尺和塞尺检查 | 大于3mm不得分，每处扣1分，3处以上不得分 | 20 | |
| | 3 | 阴阳角方正 | 3 | 用直角检测尺检查 | 大于3mm不得分，每处扣1分，3处以上不得分 | 15 | |
| | 4 | 接缝直线度 | 2 | 拉施工线，用钢卷尺检查 | 大于2mm不得分，每处扣1分，3处以上不得分 | 15 | |
| | 5 | 接缝高低差 | 0.5 | 用钢卷尺和塞尺检查 | 大于0.5mm不得分，每处扣1分，3处以上不得分 | 15 | |
| | 6 | 接缝宽度 | 1 | 用钢卷尺查 | 大于1mm不得分，每处扣1分，3处以上不得分 | 15 | |
| 合　计 | | | | | | 100 | |

**实训管理考核评价表** **表 7-3**

| 考核项目 | 序号 | 项　目 | 满　分 | 得　分 |
|---|---|---|---|---|
| 实训管理考核 | 1 | 考勤和实训纪律、执行操作规程等 | 50 | |
| | 2 | 实训准备、安全文明施工、成果资料等 | 50 | |
| 合　计 | | | 100 | |

**实训个人成绩考核评价表** **表 7-4**

| | 序号 | 评价项目 | 评分值 | 权重 | 得　分 |
|---|---|---|---|---|---|
| 项目总评 | 1 | 技能考核 | 100 | 0.7 | |
| | 2 | 实训管理考核 | 100 | 0.3 | |
| 总　分 | | | | | |

注：实训单位有违规操作或违纪等行为，视情节扣减成绩，造成严重后果的，责任主体成绩评定为不合格。

## 7.2.5 规范与依据

《建筑工程施工质量验收统一标准》GB 50300—2013

# 第 8 章　建筑电工实训

## 8.1　接受实训任务与制订工作方案

### 8.1.1　项目概况及要求

本项目设置了安全用电常识、单（双）控照明电路安装和配电板的安装等实训内容。旨在让学生通过学习和训练，了解安全用电基本知识，掌握常见民用电器安装技能。

### 8.1.2　项目工作流程

本项实训基本流程为：

了解安全用电基础知识→识读电路图→供电线路和电气安装→质量检查和评价

### 8.1.3　工作准备

1. 知识准备

（1）常用电力安全标志

《安全标志及其使用导则》GB 2894—2008 规定了在容易发生事故或危险性较大的场所安全标志设置原则，并列出了所有安全标志。常用的几种与电力安全有关的安全标志图形如图 8-1 所示。

图 8-1　安全标志

(2) 安全电压

安全电压是指不致使人直接致死或致残的电压，一般环境条件下允许持续接触的“安全特低电压”是36V。我国确定安全电压有42V、36V、24V、12V、6V五个额定等级，实际使用的安全电压以36V、12V居多。

(3) 电工安全操作知识

1) 在进行电工安装与维修操作时，必须严格遵守各种安全操作规程，不得玩忽职守。

2) 进行电工操作时，要严格遵守停、送电操作规定，切实做好突然送电的各项安全措施，不准进行约时送电。

3) 在邻近带电部分进行电工操作时，一定要保持可靠的安全距离。

4) 严禁采用一线一地、两线一地、三线一地（指大地）安装用电设备和器具。

5) 在一个插座或灯座上不可引接功率过大的用电器具。

6) 不可用潮湿的手去触及开关、插座和灯座等用电装置，更不可用湿抹布去擦拭电气装置和用电器具。

7) 操作工具的绝缘手柄、绝缘鞋和手套的绝缘性能必须良好，并作定期检查。登高工具必须牢固可靠，也应作定期检查。

8) 在潮湿环境中使用移动电器时，一定要采用36V安全低压电源。在金属容器内（如锅炉、蒸发器或管道等）使用移动电器时，必须采用12V安全电源，并应有人在容器外监护。

9) 发现有人触电，应立即断开电源，采取正确的抢救措施抢救触电者。

(4) 触电的危害性与急救

人体是导电体，一旦有电流通过时，将会受到不同程度的伤害。由于触电的种类、方式及条件的不同，受伤害的后果也不一样。

1) 触电的种类。人体触电有电击和电伤两类。

① 电击俗称触电，是由于电流通过人体所致的损伤。它可以使肌肉抽搐，内部组织损伤，造成发热发麻，神经麻痹等。严重时将引起昏迷、窒息，甚至心脏停止跳动而死亡。通常说的触电就是电击。触电死亡大部分由电击造成。

② 电伤是指电流的热效应、化学效应、机械效应以及电流本身作用下造成的人体外伤。常见的有灼伤、烙伤和皮肤金属化等。

2) 主要触电方式

① 单相触电

这是常见的触电方式。人体的某一部分接触带电体的同时，另一部分又与大地或中性线相接，电流从带电体流经人体到大地（或中性线）形成回路，如图8-2(*a*)所示。

② 两相触电

人体的不同部分同时接触两相电源时造成的触电，如图8-2(*b*)所示。对于这种情况，无论电网中性点是否接地，人体所承受的线电压将比单相触电时高，危险更大。

③ 跨步电压触电

对于外壳接地的电气设备，当绝缘损坏而使外壳带电，或导线断落发生单相接地故障时，电流由设备外壳经接地线、接地体（或由断落导线经接地点）流入大地，向四周扩散，如图8-2(*c*)所示。如果此时人站立在设备附近地面上，两脚之间也会承受一定的电压，称为跨步电压。跨步电压触电也是危险性较大的一种触电方式。

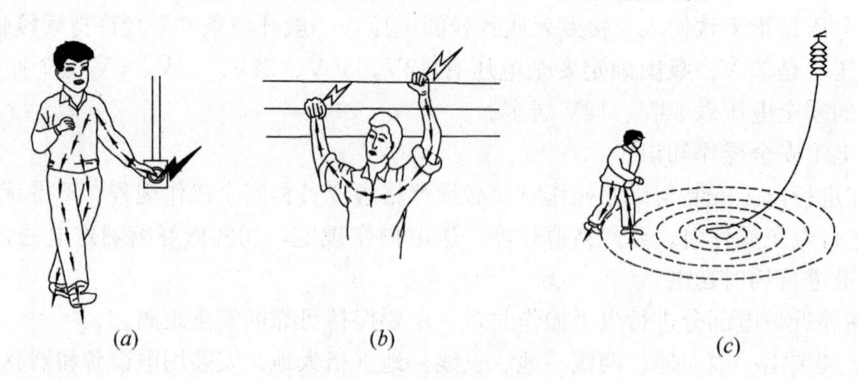


图 8-2 人体常见触电形式

(a) 单相触电；(b) 两相触电；(c) 跨步电压触电

3）触电急救方法

① 立即切断电源，或用不导电物体如干燥的木棍、竹棒或干布等物使伤员尽快脱离电源。急救者切勿直接接触触电伤员，防止自身触电而影响抢救工作的进行。

② 当伤员脱离电源后，应立即检查伤员全身情况，特别是呼吸和心跳，发现呼吸、心跳停止时，应立即就地抢救。

（5）电路图的识读

常用电路中的符号如表 8-1 所示。

常用电路中的符号　　　　表 8-1

| 符号 | 说明 | 符号 | 说明 |
|---|---|---|---|
| + | 正极 | | 导线与两电路中的一个连接 |
| — | 负极 | | 电阻 |
| | 搭铁 | | 电位器 |
| | 保险丝 | | 电容 |
| | 接头 | | 电解电容 |
| | 插头 | | 变压器 |
| | 插孔 | | 接地符号 |
| | 导线连至其他处 | | 电流源 |

续表

| 符号 | 说明 | 符号 | 说明 |
| --- | --- | --- | --- |
|   | 电压源 |   | 熔断器 |
| 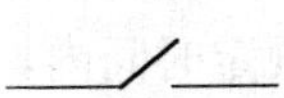  | 单极开关 |   | 单刀单掷开关 |
| 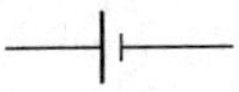  | 蓄电池 | 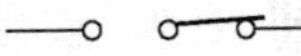  | 单刀双掷开关 |
|  | 灯泡 | 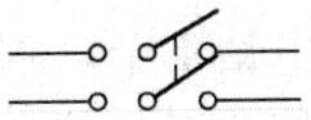  | 双刀双掷开关 |

2. 工具、材料准备

本项目的实施需要准备的工具、器材主要有钢丝钳、尖嘴钳、螺丝刀、电工刀、扳手、测电笔、钢锯、剥线钳、榔头等常用电工工具1套，电钻1个，木制配电板1块，护套线[BVV(2.5)]5m，接地端子板1付，小铁钉、木螺钉若干。

### 8.1.4 项目工作方案

我国交流电频率为________Hz，国内居民最常用的标准电压的有效值是________V。

安全电压，是对不致使人直接致死或________的电压，我国确定的安全电压最高值为________V，实际使用的安全电压以________V、________V居多。

交流电量（或称正弦交流电），是对随时间按正弦规律作周期性变化的电压和电流的统称；直流电流则是对不随时间变化的________和________的统称。

常见的人体触电有单相触电、________触电和________________触电。发现有人触电，应立即断开________，采取正确的抢救措施抢救触电者。

发生用电火灾时首先要________，决不要带电泼水救火。安全用电的原则是________________。

室内照明电路主要由________、________、________和________组成。

完成下图电路连线，使该电路闭合任意开关都能使灯泡发光。

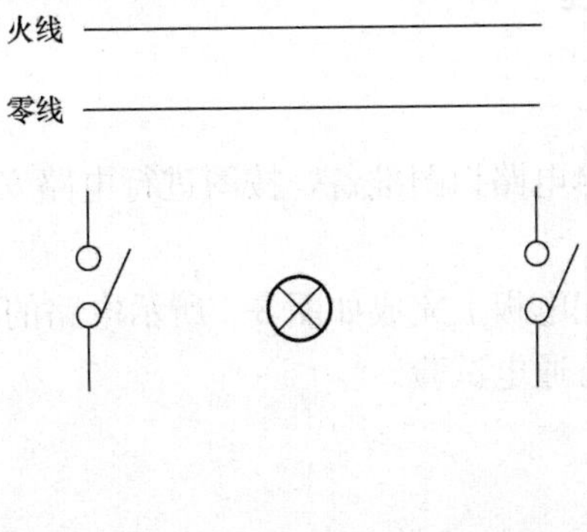

火线

零线

## 8.2 单相照明配电线路安装调试

### 8.2.1 目的与要求

了解安全用电基本知识，掌握照明配电线路安装调试技能。要求在规定时间内，使用正确的方法完成简单照明闭合回路连接。

### 8.2.2 工具与计划

1. 工具、器材：钢丝钳、尖嘴钳、螺丝刀、电工刀、扳手、测电笔、钢锯、剥线钳、榔头等常用电工工具1套，电钻1个，木制配电板1块，护套线[BVV(2.5)]5m，接地端子板1付，小铁钉、木螺钉等若干，其余用品见表8-2。

**电工实训材料表** **表8-2**

| 序号 | 名称 | 型号 | 数量 | 备注 |
|---|---|---|---|---|
| 1 | 直插式熔断器 | RT15-20/2A | 2 | |
| 2 | 灯泡 | 220V/25W | 1 | |
| 3 | 平装式螺口灯座 | 3A/250V | 1 | |
| 4 | 双联开关 | | 2 | |
| 5 | 单相电源插座 | | 1 | |
| 6 | 开关 | HK2-10/2 | 3 | |
| 7 | 开关盒 | | 3 | |
| 8 | 单股铜绝缘导线 | | 若干 | |
| 9 | 钢丝钳 | | 1 | |
| 10 | 电工刀 | | 1 | |
| 11 | 单项电表 | | 1 | |

2. 计划：实训以单人操作方式组织，实训前领出物品，项目完成时间为1课时（不含准备时间）。

### 8.2.3 要点与流程

1. 要点

完成安全用电知识和简单电路识图准备，按图进行电路安装。

2. 流程

（1）在规定时间内，在配电板上完成如图8-3所示电路的安装和调试。

（2）连接检查完毕后进行通电试验。

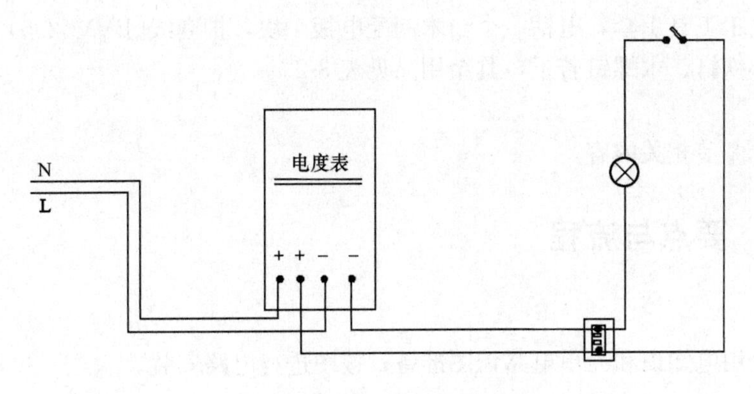


图 8-3 单相照明电路安装图

### 8.2.4 考核与评价

单相照明配电线路安装调试实训考核表 表 8-3

| 考核内容 | 分值 | 得分 |
| --- | --- | --- |
| 实训准备情况 | 20 | |
| 操作规范 | 20 | |
| 电路连接节点质量 | 20 | |
| 通电试验结果 | 20 | |
| 实训纪律、态度等 | 20 | |
| 总计 | 100 | |

### 8.2.5 规范与依据

《民用建筑电气设计规范》JGJ 16—2008

## 8.3 双控照明电路开关的连接

### 8.3.1 目的与要求

巩固安全用电基本知识，掌握双控开关配电线路安装调试技能。要求在规定时间内，使用正确的方法完成双控开关照明电路的连接。

### 8.3.2 工具与计划

1. 工具、器材：钢丝钳、尖嘴钳、螺丝刀、电工刀、扳手、测电笔、钢锯、剥线钳、榔头等常用电工工具1套，电钻1个，木制配电板1块，护套线[BVV(2.5)]5m，接地端子板1付，小铁钉、木螺钉若干，其余用品见表8-2。

2. 计划

详见8.2.2节相关内容。

## 8.3.3 要点与流程

1. 要点

完成安全用电知识和简单电路识图准备，按图进行电路安装。

2. 流程

（1）在规定时间内，能够根据如图8-4所示的线路在配电板上按照工艺要求完成电路的安装和调试。

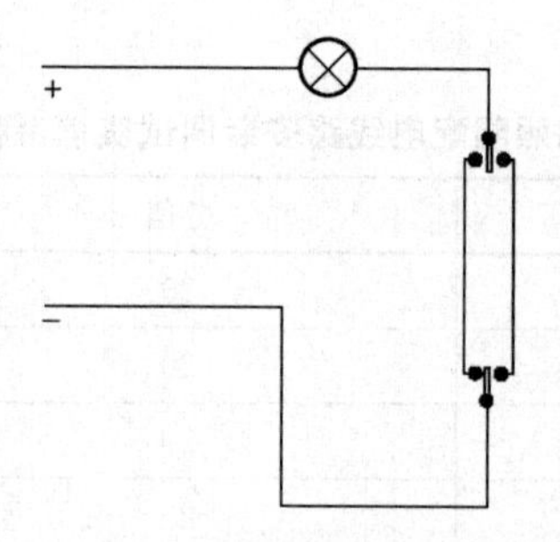


图8-4 双控照明电路安装图

（2）连接检查完毕之后进行通电试验。

## 8.3.4 考核与评价

双控照明电路开关的连接实训考核表 表8-4

| 考核内容 | 分值 | 得分 |
|---|---|---|
| 实训准备情况 | 20 | |
| 操作规范 | 20 | |
| 电路连接节点质量 | 20 | |
| 通电试验结果 | 20 | |
| 实训纪律、态度等 | 20 | |
| 总计 | 100 | |

## 8.3.5 规范与依据

《民用建筑电气设计规范》JGJ 16—2008